森林商学园

4 狐狸为什么总缺钱

肖叶　主编　龚思铭　著

郑洪杰、于春华　绘

人民文学出版社　天天出版社

更有趣更有营养的好故事

国际儿童读物联盟主席　张明舟

教育的主要途径是阅读，阅读几乎是个人成长的必由之路。儿童的健康成长，需要读书。一方面，小读者需要令他们着迷开心的虚构类图书；一方面，他们也需要与其所处的真实世界更紧密相关的非虚构类图书，因此，给孩子们选些既有趣又有营养的好书至关重要。

"森林商学园"系列就是这样一套科普读物。虽然作者的初心是向小读者传递与我们日常息息相关的有用的经济学知识，但在故事性上却丝毫不逊色于最优秀的童话故事。故事发生在森林里，每个动物角色都个性鲜明、形象生动，情节跌宕起伏、充满悬念，满足了儿童的好奇心和想象力，令人印象深刻。插画家用灵动有趣的画面与文字呼应，别有一番趣味。文字作者和插画家一起，让科普变得生动有趣，轻盈地荡起童话的小船，把小读者摆渡到抽象的经济学王国。

知识范围的拓展能够改变一个人对世界的认知，经济学构建的就是这样一种独特的思维方式。它需要长时间的积累训练和必要的知识储备，这正是"森林商学园"系列的创作初衷，用故事的形式将资产、投资、利率、消费等这些概念讲给孩子们听，让他们从小学会从不同的角度去看世界，去规划自己的人生。

当今世界，一个人是否懂得理财，懂得做决策，懂得合理安排自己的资产，对其生活的影响是大而深远的，然而"财商"的培养需要一步步的知识积淀。经济学繁杂的原理和公式推导常令人眼花缭乱，阻挡了小读者探索的脚步。"森林商学园"系列巧妙地将经济学概念和原理用日常生活解读出来，即便小学生也能立刻明白。比如资源稀缺性、供给需求与价格的关系等概念，用"物以稀为贵"这样的俗语一点就通；再如，以效用原理来解释时尚潮流，建议小读者用独立思考来代替盲目跟从，专注自己的感受，从而避免受时尚潮流的负面影响等。书中所覆盖的知识不仅不复杂，反而很实用。每个故事结束后，还以"经济学思维方式"（"小贴士"和"问答解密卡"）告诉小读者在日常生活中如何应用经济学知识来思考和解决问题。

　　优秀的儿童文学，必定能深入浅出，举重若轻，使读者在获取知识的同时，提高独立思考与辩证思维能力。"森林商学园"系列正是这样一套优秀的儿童科普文学作品，它寓教于乐，是科普与文学巧妙结合的典范，值得向全国乃至全球的小读者们推荐。

前 言

　　孩子们的好奇心和求知欲表现在方方面面，他们既想了解宇宙和恐龙，也想知道家庭为什么要储蓄、商家为什么会打折、国家为什么要"宏观调控"。而这些经济学所研究的问题既不像量子物理一般高深莫测，也不像形而上学那样远离生活。只要带着求知心稍稍了解一些经济学常识，许多疑惑就可以迎刃而解。

　　除了生活中必要的常识，经济学还提供了一种思维方式，让我们以新的视角去观察世界。生活中面临的许多"值不值得""应不应该"，完全可以简化为经济学问题，无非就是在成本与收益、风险与回报等各种因素之间权衡。当然，生活是如此的复杂，远非经济学一个学科能够解释和覆盖，但是对未知领域的探究心和求知欲，特别是学会如何学习、怎样寻找答案，是比知识本身更加重要的能力，也正是这套丛书想要告诉小读者的。

　　人的认知有多深，世界就有多大。知识越丰富，人生体验也就越多彩。希望本套丛书所介绍的知识能为小读者提供一个全新的视角，有助于大家以更开阔的眼光去观察我们的社会、了解人类的历史和现在。同时也希望本套丛书能成为一扇门，引领小读者进入社会科学的广阔世界。

作者

认识森林居民

松鼠京宝

身手矫健,聪明勇敢,号称"树上飞";对朋友非常真诚,与白鼠357、刺猬扎克极为要好。

白鼠 357

从科学实验室里逃出来的小白鼠，编号UM357（即 Ultra Mouse——超级老鼠357号）；一场暴风雨中，随着一道闪电从天而降。在冰雪森林里，大家都叫他357。

刺猬扎克

平时迷迷糊糊，但灵感爆发时，常有好点子。

乌鸦墨墨

感情丰富的乌鸦，相当聪明，但有间歇性健忘的毛病。

少校与上校

森林公安的好伙伴，在活捉偷猎者中立了大功。

黄鼠狼阿黄

阿黄经营的养鸡场惹上了大麻烦，差一点被愤怒的森林居民毁掉，他能顺利洗脱嫌疑吗？

狐狸歪歪

狐狸家族的活跃分子，和其他家族成员一样，不善理财，因此经常陷入与钱有关的麻烦。

蓝折耳猫芭芭拉

因被人类弃养而逃到森林的蓝折耳猫，外表高傲而内心善良，生活讲究，极爱热闹。

猴蹿天

"江湖侠客"猴蹿天对357敞开心扉之后，上演了精彩的"推理秀"，成功解决了一场大麻烦。

目 录

1 钱都去哪儿了

　　一场春雨融化了森林里最后的冰雪，泥土的清香缓缓升腾起来，唤醒了树上的百灵。百灵的歌声又带起杜鹃和其他鸟儿们，于是独唱变成重唱，重唱又变成大合唱。突然，"嘎——"的一声，乌鸦也加入进来。

　　百灵和杜鹃们显然不喜欢乌鸦乱"插嘴"，拍拍翅膀飞走了。乌鸦却毫不在意，闭着眼睛继续自我陶醉，深情地歌颂春天。嘎嘎嘎嘎——她把整个冰雪森林都吵醒了。

357伸个懒腰，打开"鼠来宝"的大门，发现狐狸歪歪早就蹲在店门口了。

"快进来，歪歪，你需要点什么？"357招呼道。

狐狸歪歪欲言又止，缩头缩脑地走进"鼠来宝"。

357又问了一遍："歪歪，你需要什么？我来帮你拿。"

"需要……需要……"歪歪低着头，不停地搓着爪子，终于，他鼓起勇气大声说，"需要钱！"

357被歪歪这话吓了一跳。偷盗事件之后，森林事务所已经把领地还给狐狸家了。森林大道南端的3号土地虽然有些偏远，可是紧邻冰河下游一段，水草丰美，树木繁盛。北归的大雁商旅队就栖息在那里，光租金就是一笔相当可观的收入，狐狸们怎么转眼又没钱了呢？

357耐心地问道："歪歪，你说清楚一点，是你自己需要钱，还是你家里又没钱了？"

"唔唔……也不是一点钱也没有。"歪歪挠了挠脑袋，不好意思地说，"是我们想把游乐场重新经营起来，没想到，驯鹿建筑队要求我们先付款才行，这样一来，钱就不够用了……"

357偷偷笑了。这有什么"没想到"的呢？狐狸们第一次建造游乐场时，驯鹿建筑队差点就白出力气。如果换作别家，驯鹿建筑队或许能同意先干活、后付款。可是，考虑到狐狸一家糟糕的消费习惯，建筑队要求先付款，简直再正常不过了，建筑队员们也是要吃饭的呀！

357问："你们平时都没有存钱吗？"

歪歪显然不懂："嗯？存什么？"

"森林公园、森林大道工程，你们不是都参加了吗？加上领地上的租金、卖松果和蘑菇的收入……算起来，你们家的收入不少啊，都花掉了？"

"嗯？难道钱不是用来花掉的吗？"歪歪伸长了脖子，两只爪子搭在柜台上。

原来如此！从"一夜暴富"到追赶"芭芭拉风潮"，狐狸们的消费习惯还真是始终如一：有多少，花多少，根本没有"存钱"这个意识。难怪要用钱的时候什么也拿不出来！

歪歪看357不回话，继续追问："357，你的钱难道不花掉吗？"

357觉得歪歪矛盾得有些可爱："歪歪，如果你觉得我都花掉了，怎么还来跟我借钱呢？"

"嘿？不……不是……我没有跟你借钱，我是想请你帮我看看，猴蹿天的这份合同有没有问题。如果又是上次那种高利贷，那我们就不借了。"歪歪拿出一张树皮纸递给 357，"不仅是我们家缺钱，我去找猴蹿天的时候，他那里可热闹了！"

357 想起猴蹿天第一次出现在"消暑晚宴"时的情景了。那时候，他刚刚来到冰雪森林，唯一的行李就是一大袋金银贝。357 一直不明白，他一个居无定所的猴子，哪里来的那么多钱。现在看来，所谓"行走江湖"，应该

是在南方的森林里到处放高利贷吧！

"嗨，大家早，这么早就有客人啦！"松鼠京宝从树上跳下来，愉快地跟伙伴们打招呼，"咦，那是墨墨吧……她在那里做什么呢？"

357顺着京宝的视线望去，才发现真是乌鸦墨墨站在露台上。她两眼空空，一动不动，如同雕像一般。难怪357和歪歪刚才都没注意到她。

"我也在思考同样的问题……"墨墨面无表情。她是一只聪明调皮的乌鸦，唯一的问题是间歇性健忘，她大概忘记自己来买什么了。

"那先别思考了！"京宝突然兴奋起来，"先一起来尝尝'鼠来宝'的新甜品！"京宝把几勺白色粉末倒进一台碗状机器中央的小孔，轰隆隆，机器运转起来。有趣的事情出现了——机器中心开始慢慢吐出细细的丝线，一圈一圈，围绕着机器的四壁越积越多。京宝用一根树枝在"大碗"里来回搅动，一会儿工夫，树枝上就结出了一朵"白云"。

歪歪惊叫道："哎呀，京宝，你是不是在里面养了一只大蜘蛛？"

京宝把"白云"举在歪歪眼前晃了晃："那你敢不敢尝尝'蜘蛛丝'？"

"蜘蛛我都敢吃，蜘蛛丝怕什么！"歪歪闭起眼睛咬了一口，"唔……好甜！"

"蜘蛛丝"居然是甜的！歪歪感觉心都暖了起来："这东西叫什么，太好吃了！我得买回去给大家都尝尝！"

　　"扎克叫它仙女丝。"京宝笑着答道。他不由想起扎克从冬眠中醒来之后，他们三个研究了一整夜，终于把这台从城里淘来的旧机器玩转的情景。"鼠来宝"又添新零食啦！

　　357 听到歪歪这样说，大吃一惊："喂喂，还买？你们不是已经没钱了吗？"

　　歪歪越吃越开心："把猴蹿天这份合同签了，不就有钱了吗？我一会儿就回来买！"

　　357 哭笑不得，借来的钱是要还的呀！世界上好吃的、好玩的东西多了，但不是样样都不能错过。像狐狸们这样完全没有计划地消费，不管收入有多高，总有不够花的时候。

　　357 提醒歪歪："歪歪，你还记得跟猴蹿天借钱是做什么吗？"

　　"嗯……哎呀，是要开游乐场！"

　　357 和京宝对视一眼："对呀！如果你用借来的钱买零食、买玩具，游乐场还开不开了？"

　　"瞧我这脑子！"歪歪拍着脑袋，"我说钱怎么总是不够用！"

　　"这钱先不要借了。"357 把合同收起来，"跟我去森林事务所走一趟。"

歪歪以为自己又犯了什么错，吓得拔腿就要逃。

357 叫住他："你别紧张，我只是请你同我一起去找熊所长商量些事情。既然那么多森林居民需要借钱，咱们得想想办法，不然早晚有一天，大半个森林都归猴蹿天了。"

357 的担心不是没有道理，可就算"鼠来宝"，也没法一下子拿出猴蹿天那么多闲钱借给大家。要想阻止森林居民们继续抵押领地向猴蹿天借钱，必须集合大家的力量。357 能想出对抗猴蹿天的办法吗？森林里还有谁比猴蹿天更有钱呢？

什么是收入？我们可以获得"收入"吗？

　　一个人在一段时期内获得的经济利益称为收入，可以简单理解为新得到的钱，比如爸爸妈妈每月的工资、储蓄利息、投资理财收益、生意的盈利、房屋的租金等等。一般来说，想要获得收入，首先要付出劳动（上班工作）、提供产品和服务（卖东西）或者承担风险（投资可能亏损）——"天下没有免费的午餐"就是这个道理了。

　　如果你有零花钱，也可以把它视为一种收入。逢年过节得到一笔"压岁钱"，那更是一大笔收入了！不过，与爸爸妈妈的工资相比，你的收入更像"天上掉馅饼"，因为你并未付出劳动或者承担风险。尽管如此，你还是应该认真对待它，最好做个计划，比如立刻开始储蓄，毕竟——天上不会一直掉馅饼。

狐狸们把钱花在建游乐场上，与花在买珠宝、包包或者食物、零食上有什么不同？

还记得吗？狐狸们第一次靠游乐场发财时，把大部分收入都花在珠宝、帽子、包包这些东西上了，我们称狐狸们的这种消费为"炫耀性消费"，它属于消费中可有可无的部分。而在食物上的消费就不太一样了，不吃东西他们会饿死，所以这属于"必需品消费"。零食虽然不吃也没关系，可是偶尔有一点，能让人获得快乐和满足，和我们看电影、旅行一样，可以视为"享受型消费"。

那么建游乐场呢？建造游乐场虽然要花很多钱，可是，它能给狐狸家带来更多的收入。严格来说，把钱投入到能够在未来很长一段时间里产生稳定回报的地方，叫作"投资"。狐狸们建游乐场，看似在花钱"消费"，实际上则是"投资"。你看，同样是"把钱花出去"，怎样花、花到哪里去，不仅大有讲究，结果也千差万别呢！

想一想，你家的收入是从哪里来的？消费又属于哪一类？有没有进行投资呢？

1

问：狐狸家总缺钱，是因为收入太少吗？

2

问：建造游乐场要花很多钱，狐狸们是乱消费、乱花钱吗？

3

问：全家去旅行属于哪种消费？

2 大闹飞行学校

357 带着歪歪离开后，乌鸦墨墨依然站在"鼠来宝"的露台上沉思。京宝也请她品尝了"仙女丝"。

刚尝了一口，墨墨的眼睛就开始放光："好甜哦，心里暖暖的。"

"那你想起来了吗，要买什么？"

"没有……刚才差一点就想起来了，可是一吃又忘了……"

“没关系，那你慢慢吃，慢慢想，想起来再叫我。” 见墨墨又苦恼起来，京宝赶紧说。

另一边，357 和歪歪才走了没多远，就见兔子霹雳哭着跑过，差点把357 撞倒。357 叫他，他也不回头，一头扎进地洞里去了。

歪歪很好奇，趴在洞口喊霹雳，霹雳甩出一块“暂停营业”的木牌。歪歪刚想再喊，霹雳又甩出一块“请勿打扰”。

歪歪趴在霹雳裁缝铺的门口，竖着耳朵听里面的动静。357 却拉住歪歪：“看来他的心情真的很糟糕，这个时候最好不要吵他，让他自己安静一下吧！” 当朋友伤心难过的时候，不去打扰也是一种礼貌。

歪歪点点头。

可才走了没几步，他们俩又看见猫头鹰捕头牵着小猫头鹰气呼呼地走过。猫头鹰捕头的翅膀架得老高，脚步踩得很深，每走一步都尘土飞扬，似乎在拿脚下的土撒气。小猫头鹰也哭哭啼啼：“呜呜……我再也不去上学了……”

听到“上学”两个字，357 这才想起来，今天是飞行学校开学的日子。冰雪森林里的小小鸟在独立飞行之前，都会在飞行学校接受训练，学习必要的知识。比如，怎样通过观测云彩判断空气流动情况，根据空气温度和湿度预测天气，如何利用风向和风速使飞行更安全省力，怎样躲避人类的各种捕鸟装置等等。

许多看似容易的事，背后往往是艰难的学习、枯燥而重复的训练，以及长期的经验积累。飞行就是如此。也许你觉得那不过是扑扇两下翅膀，其实

需要学的东西可多着呢！学艺不精的鸟儿，常常飞到极其危险的地方，要么在城市的玻璃幕墙上撞晕，要么中了人类设下的圈套，在笼子里或餐桌上结束自己的一生……像猫头鹰捕头这样的飞行高手，自然明白飞行学校里教的知识有多么重要，可是，是什么把他气着了，宁可把小猫头鹰带回家也不去上学了呢？

357和歪歪正在纳闷，蓝猫芭芭拉一溜烟儿似的从他俩中间穿过。

"还磨蹭什么哪？再不去可就来不及啦！"芭芭拉笑嘻嘻地一路狂奔。

在冰雪森林定居的这段日子，芭芭拉的毛总算长齐了。脱掉那些奇装异服的

她，看起来漂亮了许多。

357 和歪歪一愣，快速追上芭芭拉，问道："出什么事了？"

"吵架了，吵架了！马上就要打起来了！再晚可就瞧不见了！" 自从芭芭拉决定留下来，她倒是觉得森林里什么都好，就是少了点乐子，不如城里热闹。所以，森林里哪怕出一点芝麻绿豆大的新闻，她也会第一时间冲到现场。听说飞行学校里出事了，芭芭拉居然直接从"狸猫记"飞奔过来凑热闹。

果然，飞行学校没有如期开课。357 和歪歪赶到时，正好看见一大群鸟儿站在树梢上，把老虎奔奔和狍子阿皮围在中间。

大家吃惊地望着奔奔，这还是冰雪森林里那只最快乐友善的小老虎吗？

早上来到飞行学校的时候还好好的，跟同学们相互问候，他怎么突然说出这

样的话？

"太过分了！你太没礼貌了！"芭芭拉挺身而出，大家以为她要为阿皮

打抱不平，谁知道她竟一本正经地说道，"阿皮他明明是驴！作为一头驴，

他已经不算丑了，更何况他的屁股上还长着一颗爱心！他是我见过的，最特

别的驴！"

　　一听这话，大家都忍不住笑了。可能因为芭芭拉以前
在城里从没见过狍子，所以她认定阿皮就是驴。

　　阿皮倒不介意，反正他也从来没见过驴。

　　"哼，你这只没人要的流浪猫，哪儿来的回哪儿去！"奔奔看都不看一
眼芭芭拉，"流浪汉——乌眼鸡——过街老鼠——臭狐狸……哈哈哈！"奔
奔给在场的森林居民都逐一起了绰号，连刚刚挤进来的 357 和歪歪也没能

幸兔。

　　歪歪委屈地闻闻自己："我早上刚洗的澡呀……"

　　从鸟儿们叽叽喳喳的议论声中，357 听明白了，原来兔子霹雳和猫头鹰父子也都是给奔奔气走的。奔奔看见霹雳送来的桌布，突然失常，嘲笑霹雳的手艺不佳，桌布做得像抹布。他还说霹雳长着招风耳、大门牙。爱美的霹雳当然不高兴，却也自知反抗不过，于是哭着跑了。小猫头鹰就更惨了，奔奔说他是大饼脸、阴阳眼，身长腿短没脖子……这不是连猫头鹰捕头也给骂

了吗？难怪把猫头鹰捕头也给气走了！

被奔奔骂走的还不止这几位，此时飞行学校里已经乱作一团。

357 觉得很奇怪，这绝对不是他认识的奔奔，奔奔是不是遇到了什么事，受了什么刺激？

357 想了想，跟鹰老师商量了一下，决定请歪歪去"熊草堂"叫贝儿，自己去森林事务所叫熊所长。奔奔再怎么"疯"，也不敢在"双熊"面前胡闹吧？

兔子霹雳伤心难过，357却把歪歪拉走了，他是不是冷酷无情？

"好朋友之间不应该有秘密。""不告诉我，咱们就不是朋友。""做朋友就应该……"你有没有为这些事情烦恼过呢？听起来似乎挺有道理，可又让人觉得不那么舒服，对吗？

每个人都有个人空间，我们把心底的小情绪、小秘密藏在那里，无论身在何处，只要没人打扰，就会觉得冷静、放松、安全。我们有保护自己个人空间不受打扰的权力，同样也要推己及人，尊重他人的

个人空间。

毫无疑问，真诚相待是友谊的基础，但界限感和相互尊重同样重要，毕竟我们都是独立的个体。再爱热闹的人，也有想独处的时候；再爽快的人，也有隐私和小秘密。在我们的故事中，霹雳既然想要自己安静一会儿，357把歪歪拉走是非常正确的决定，是对霹雳个人空间的绝对尊重，非但不是冷酷无情，反而是礼貌与教养的体现，这说明357是一位非常值得信赖的朋友。

　　你的身边有没有像刚刚的小老虎奔奔一样，喜欢拿别人的缺点开玩笑、时不时搞点令人难堪的恶作剧或者随意给人起绰号的人？如果有人告诉你，他或她只是有点淘气，喜欢恶作剧，只是还年幼、不懂事，你可以坚决地否定——这是缺乏礼貌和教养，不能用"淘气"和"开玩笑"来当作借口。

　　年幼不是不懂礼貌和缺乏教养的理由。中国是礼仪之邦，礼仪包含着对他人的尊重，是中华民族引以为傲的文化传统。令他人难堪、给他人造成困扰、带来麻烦……这些行为都源于不考虑他人的感受。像故事中的奔奔一样，用外貌特征或缺陷给别人起侮辱性的"绰号"，那就更糟糕了。这不仅令人难堪，甚至会造成伤害，是应绝对禁止的欺凌行为。

　　语言是很神奇的，它能带来快乐和鼓励，也能造成严重的伤害。我们一方面要认识到语言的杀伤力，不做施暴者；另一方面假如不幸遇到用起绰号、恶作剧等方式伤害你的人，要意识到，这不是自己的错！你应该对自己有正确的认识，建立自尊和自信，同时，可以向你信任的老师、同学和家长寻求支持和帮助。

1

问：357 为什么不让歪歪继续敲霹雳的门？

2

问：给朋友起绰号，是关系亲密的体现吗？

3

问：假如你被别人起了个讨厌的绰号怎么办？

28

3 狗熊所长变脸

357风风火火地冲进森林事务所，却发现猴蹿天也在。

"猴蹿天，你在森林里放贷的事情我已经知道了，今天把你叫来，就是警告你，不许再收取高额利息，欺骗森林居民，否则就把你赶出森林！"

"熊大人！"猴蹿天在冰雪森林定居之后，改

掉了"之乎者也"的说话习惯，

却还是一样的嬉皮笑脸，"大家借钱可不是为了吃喝玩乐，开个'鼠来宝'那样的店铺，狐狸家那样的游乐场，总是需要点'本钱'的。除了我，森林里谁能拿出那么多钱？用了我的钱，总得给点好处吧？所以，这顶多算互惠互利，不能叫占便宜。至于利息，清清楚楚写在合同上，怎么能叫欺骗呢？"

熊所长一旦开始思考问题，就觉得肚子饿。他顺手抓起桌面上的半只鸡，一边吃一边想，猴蹿天说的不是没有道理，就算有些居民有很好的存钱习惯，可是毕竟数量有限，想要做点像样的生意，总不能背着桦皮桶挨家挨户地去借吧？

"熊大人，您就答应了吧……我真是为了大家好……"

"不是这样的！"357打断猴蹿天，"你肯借钱，才不是为了大家好，而是为了自己赚钱。你给歪歪的合同我看了，虽然不算是高利贷，可是利息还是太高了。你那一袋子金银贝，就是这样赚来的吧！"

猴蹿天笑嘻嘻地看着357："狐狸们不懂经营，把钱借给他们风险很高，多收点利息有错吗？再说，我要是不借，你能有钱借给大家吗？"

"我虽然没有那么多钱，"357道，"可是森林居民们有，只要把大家的钱聚在一起，肯定远远超过你。就算没有你，大家也能做生意。"

熊所长殷切地望着357，期待着一个解决方案："357，你是想到什么好办法了吗？"

"嗯！今天我来就是要同您商量，我们应该成立一个'银行'！"

"银行？"熊所长很好奇，"那是什么东西？"

"银行是人类一个了不起的发明，它帮人类把多余的钱集中保管起来，再借给那些有需要的人。现在大家都用上金银了，咱们森林里完全可以建一个银行，把大家暂时不用的金银贝和零碎贝壳集中起来，肯定不比猴大侠少！这样，像狐狸家这样需要钱的居民，就不用到处借，只要来银行借就好啦！"别看357长时间被关在实验室里，学会的东西倒不少。

　　熊所长还是不明白："可是……把钱放到你说的这个'银行'里，大家不会担心吗？我总不能下命令，强迫大家吧？"

　　"当然不用！"357信心十足，"只需要做到两件事，大家就会自愿把钱

存到银行里。"

熊所长凝神静听，猴蹿天眼珠子乱转。

357不慌不忙地讲："第一做到讲'信誉'，就是让大家相信，钱存进来不仅安全，而且随时可以取出。第二做到有'利息'，银行帮大家保管钱，不仅不收费，还给钱。做到这两点，还怕大家不愿意存钱吗？"

熊所长担心地问道："可是，这'信誉'和'利息'从哪里来呀？"

"就从您这里来呀！"357指指熊所长，"只要您和金雕爷爷出面，以管理税金的名义开办银行，大家自然会相信。至于'利息'嘛……"357眼睛看

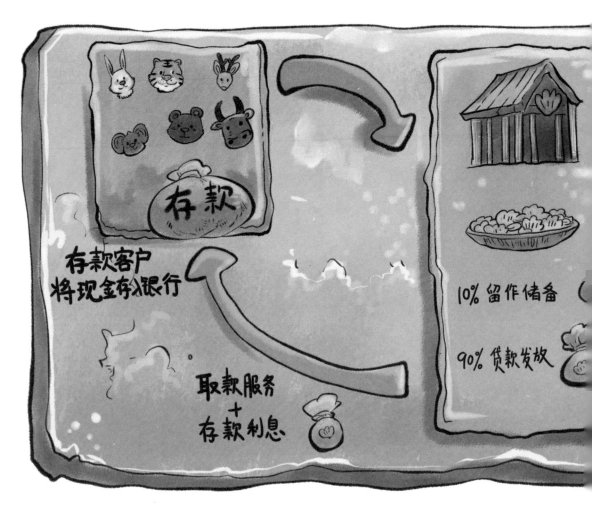

向猴蹿天，"我看猴大侠比我还清楚吧？"

猴蹿天鼻子一哼："没错，把钱借出去也是要收利息的。只要把钱借出去所收取的利息，比付给存款者的利息高，就有得赚。"

原来是这样！熊所长点点头。所谓银行，就像挖一个大池子，让大家把多余的钱都放在里面。如果连熊所长和金雕爷爷都说这个"大池子"是安全的，那大家自然相信，也就愿意把自己的钱放进去。既然钱放在"大池子"里，闲着也是闲着，干脆把一部分拿出来，借给有需要的居民。等他们把钱还给银行的时候，除了借出的那部分，还得付一些使用费。银行自己留一部分使用费，

贷款客户
获得贷款

获得
利润

偿还本金 与 贷款利息

再把剩下的支付给存钱的居民做"利息"。这样，池子里的钱进进出出、来来去去，不仅"活"了起来，存钱的居民和银行还能获得一点报酬，这真是个聪明的想法！

"只靠我和金雕爷爷出面恐怕不够，还得建一个金库，保证大家的钱绝对安全。到时候恐怕得请老虎来站岗了。"熊所长想得更周到。

"哎呀！"听到"老虎"二字，357 这才想起来还有件重要的事呢，"熊所长，银行的事咱们后面再慢慢商量，现在先得请您去一趟飞行学校，那边正有麻烦呢！"

"哎，说走就走啊？建银行这主意不错，可建好之前，能不能允许我继续放贷啊？"猴蹿天眼看生意要完蛋，急忙拦住刚站起来的熊所长。

谁知，熊所长摇晃了一下，居然扑通一声倒在了地上。

"哎呀妈呀，可不是我推的啊！"猴蹿天吓得跳开，连忙解释，"熊大人您可别碰瓷，就算我推，也没那么大的力气呀……"

357 也吓得呆住了。

熊所长魁梧的身躯直挺挺地躺在地上，一动不动。猴蹿天一会儿拉拉他的耳朵，一会儿扒扒他的眼皮，急得团团转。

　　突然，熊所长"噌"的一下坐了起来，面无表情，双眼无神，接着，他用粗壮的手臂一把握住猴蹿天的脚腕。

　　猴蹿天被倒着拎起，吓坏了。

　　"你这只野猴子，什么江湖侠客，我看你是江湖骗子，是无家可归的可怜虫！"

　　猴蹿天听到这话，一下愣住了。他没有争辩什么，随即眼泪啪嗒啪嗒往下掉。

　　357看他这样，不像假装的，是真的哭了，倒同情起来，想帮他说两句话："熊所长……你……"

还没等 357 说完，熊所长空洞的目光直直转向 357："你又到底是什么来头？贼眉鼠眼，鼠目寸光，也配商量森林大事？"

　　357 震惊极了，旋即伤心起来：当初是你力排众议让我留在冰雪森林，还愿意拿出自己的领地分给我，熊所长，这些你都忘了吗？

　　倒吊在半空的猴蹿天终于哭着央求道："熊大人，求你放我下来吧！我再也不放贷啦！"

"猴鼠一窝，都不是好东西！马上给我滚出冰雪森林！"说罢，熊掌一甩，357和猴蹿天一起被熊所长扔出门外。

嘭！森林事务所的大门接着紧闭起来。

357继续目瞪口呆，搞不清究竟是怎么回事，不是来请熊所长去飞行学校的吗？不是刚刚还在商量成立森林银行吗？是哪句话惹怒了熊所长？那个强壮、威严又公正、温柔的熊所长，他怎么也忽然变脸了？

银行帮人保管现金，不收保管费反而给利息，那不会亏本吗？

首先要明确一个概念，把钱存进银行，对于存款人来说，的确是方便又安全，但银行绝不会让存款人的钱躺在保险库里睡大觉，而是很快就拿去使用了。存款人所获得的"利息"，其实是银行向存款人支付的货币使用费。

那银行拿着存款人的钱做什么去了呢？

银行对客户提供的服务主要分三类——存款、贷款和代理。存款是我们把钱存进银行；贷款是把钱从银行借出来；代理是指代替客户经办一些业务。我们已经知道，使用货币应该向货币的所有者支付费用，按这个道理，银行使用存款人的钱，应该向他们支付费用（即"存款利息"），反过来，人们向银行借钱（即贷款），也需要向它支付费用（即"贷款利息"）。你可以上网查查任意一家银行的存款及贷款利率，你一定会发现，"贷款利率"总是明显高于"存款利率"。所以存贷款利率之间，必然存在差值，这个"利率差"就是银行利润的主要来源。

除了存贷款间的"利率差"之外，银行提供的各种代理服务也很赚钱，而且你一定使用过！我们买东西时，手机扫码、刷卡、网上支付很容易就搞定了，看起来这只是你和商家之间的交易，但如果没有银行的"中间服务"，你们的交易是没法完成的。在交易过程中，银行不仅代理你付款，也代理商家收款，并对服务收取了"手续费"。由于这部分手续费多数是对商家收取的，所以你没有感觉。

现在你知道为什么每家银行都有气派的大楼了吧？付一点存款利息当然不会亏本，赚钱的业务可多着呢！

一点"穿越"：你出生以前的世界，钱还不是手机屏幕上的数字

如今，无论是爸爸妈妈管理工资收入，亲友间借款、还钱，还是买东西，在电脑或手机上动动手指就完成了。看起来，这似乎是天经地义的事情。不过，假如你能够"穿越时空"，用不着走很远，就会看见一个和今天完全不同的世界。

几十年前（也就是爸爸妈妈还小的时候），买东西、借钱、还钱……这些跟钱沾边的事，都得靠真正的"钱"来完成。那时候，买贵一点的东西，就要带着厚厚一沓现金，收银员一张张地查验真假，再反复点算清楚。如果价格是几角几分，还得东拼西凑地找零。万一运气不好，东西还没买，钱却不小心丢了，那就真的很难找回来了。

从那时再往前穿越十几年（爷爷奶奶年轻的时候），"发工资"是真的把一沓钱发到你手里。许多人担心钱放在身上不安全，一拿到钱就会跑到银行里存起来，等需要的时候再取出来。

今天，几乎人人都会使用手机支付，它使生活更方便、更安全，丢钱、找零、假币这些麻烦几乎不再有。而这个飞跃性的进步就发生在你出生前后的几年时间内，所以你会觉得这一切都很自然。细细想来，许多看似平常的事，倒退十几数十年，简直是难以想象的事呢！

1

问：银行要给存款客户付利息，会赔钱吗？

2

问：刷卡购物、网上购物跟银行有关系吗？

3

问：银行贷款和"高利贷"有什么不同？

4 猴蹿天的回忆

"喂，小白鼠！"被扔出来的猴蹿天居然不再抹眼泪，很认真地拍拍

357，"咱俩为啥能凑一窝？应该是'蛇鼠一窝'吧？"

357瞪大眼睛看着猴蹿天，这个时候，他居然在纠结成语？！

"嗯？你不会表面坚强，内心脆弱吧？被骂两句就受不了了？"猴蹿天

又恢复了平日的嬉皮笑脸，倚着旁边的大树坐下。

357拍拍毛上的土："你也挺脆弱的吧？刚才

哭天抹泪的是谁呀！"

"唉！猴在江湖，冷言冷语如同家常便饭，不必太放心上。只是那老熊提起了我的伤心事。" 猴蹿天的脸上忽然闪过一丝伤感，"我小时候曾经是马戏团里的明星，跑遍了名山大川。不过那不叫流浪，叫'巡回演出'。我的功夫和口技，就是在马戏团的鞭子下学会的……马戏团的鞭子抽在身上可真疼呀！要是练不好，不光挨鞭子，有时连饭也不给吃。所以，我趁转场时来了个胜利大逃亡！马戏团的人到处找我，我躲在地沟里不敢出来，饿得晕了过去。幸好我遇见老侯——就是后来收养我的人，他说：'我是老侯，你是小猴，咱们有缘。'从此，我们一起行走江湖，到处'巡回演出'。我们从早到晚地卖力表演，虽然饥一顿饱一顿，可是那时的我真快乐……"猴蹿天说着说着，眼里又泛起了泪花……

原来，猴蹿天的身世这么凄苦！357 想到了自己，竟觉得有些同病相怜。

357 问："老侯对你那么好，你为什么离开他？"

"老侯年纪太大了，我们'巡演'到南方时，他突然病得很重。我想给他弄点好吃的，却不小心被人捉到餐馆去，自己差点成了好吃的。"猴蹿天苦笑着说，"老侯为了救我，把他存下来的钱都给了餐馆……我永远不想离开他，可是他永远地离开了我……从那时开始，我发誓再也不要挨饿，再也不要贫穷。"猴蹿天甩掉眼泪，故作洒脱地又接着说道，"你看，我做到了。你刚才说的银行，我也听说过。我自己就是'江湖银行'。瞧，我现在多富有！可惜……老侯再也醒不过来了。"

刹那间，357 仿佛理解了猴蹿天。他想告诉猴蹿天，建立森林银行不会断绝他的生路，也不是要把他赶出冰雪森林，有了森林银行，猴蹿天一样可以留下来。

还没等 357 开口，猴蹿天继续说道："你的过去也一定不简单吧？一看你就不是普通的老鼠。还有那只小猫，大家都差不多。如果能有一个温暖的家，谁又想流浪呢？我放贷，只不过想让大家觉得需要我，这样我就不必到处流浪了，可惜……算啦！"猴蹿天故作潇洒，"山高水长，后会有期！"他摆摆手，转身准备离开。

"猴大侠！"357 叫住他，"请等等！你不觉得，刚才熊所长有点奇怪吗？

他可能不是真心要赶我们走的。"

猴蹿天摇摇头："我不了解他！"

"我也说不准。可是，他的情况和奔奔太像了，我总觉得不是偶然。"

"哦？那只小老虎？"

"是的。我来找熊所长，除了商量银行的事，还因为奔奔正在飞行学校闹事。他的情况跟熊所长很像，突然就变了。他取笑大家的外表，给大家乱起绰号，已经弄哭好几位了！"

猴蹿天不由得说道："人参和公鸡啊！"

357 没听明白："什么？"

"唔，这样说吧，在人类的世界里，像这样故意用语言贬低别人的行为，就叫'人参和公鸡'，老侯教我的。"猴蹿天甩出一个 357 也听不懂的高级词，他十分得意。

"您说的是'人身攻击'吧？"按照 357 对"猴言猴语"的了解，猴蹿天应该是又记错了词。

猴蹿天假装咳嗽了两声，掩饰道："哎呀……咱们又不是人，怎么能叫'人身攻击'呢？我看，还是'人参和公鸡'更合适。"

357 哭笑不得："您说是就是吧。那个……猴大侠，我在实验室里长大，没行走过多少江湖。您见多识广，能不能留下来帮我想想办法。奔奔和熊所长绝对不是这样的品行，他们也许……吃坏了东西，或者被毒虫子咬了……您能不能……"

听到 357 称自己为"猴大侠"，又言必称"您"，猴蹿天突然觉得心里有些发热，一股侠义之气油然而生。他点点头说："好吧，谁叫我是大侠呢！咱们先去看看小老虎，确认一下他今天有没有吃鸡。"

"吃鸡？" 357 刚想问为什么，忽然想起，熊所长在失常的前一刻就正是在吃鸡！他暗自佩服猴蹿天的机敏——奔奔和熊所长症状相似是显而易见的，关键问题在于，令他俩出现同样症状的原因是什么。假如奔奔在失常之前也吃了鸡，那么"鸡"无疑就成了重要线索。

被熊所长扔出森林事务所之后，357 的心情十分不好受，可他还是耐心地倾听猴蹿天讲他过去的故事，357 庆幸自己没有不耐烦地打断他。了解了他的过去，就理解了他的现在。猴蹿天不仅不是坏猴子，他还很聪明，而且重感情。357 的耐心为他赢得了一位好战友。他相信自己与猴蹿天一起，不管是毒草还是毒虫子，他们都能找出来，消灭"人参和公鸡"，让快乐和尊重回归冰雪森林。

357 趴在猴蹿天的肩膀上，像坐"林间飞车"似的，很快就回到了飞行学校。

此时的奔奔已经晕倒在地上，阿皮坐在他身边，一声不响地仰望天空。几只小鸟正站在奔奔身上和周围，揪他的毛。看来大家都是受害者。

357 和猴蹿天走过去，坐在阿皮身边。357 觉得阿皮一定因为奔奔的话很受伤，想要安慰他。

"很难过吧……"

"还好！"

"别放在心上。"

"呵呵，"阿皮苦笑一声，"他别放在心上才好……奔奔不单说我，见谁说谁，劝不住，我只好给他撂蹄子了……"原来奔奔是被阿皮给"撂"晕的!

"晕了好!"树上几只小鸟叽叽喳喳地说，"奔奔真的太过分了!"

357 为奔奔辩解道："奔奔可能是中毒了。"

"不会吧? 像这样的淘气包以前学校里也有，他们本性并不坏，只是调皮淘气，没有被正确引导……"鹰老师表面严厉，骨子里却很温柔。

"这不一样!" 357 认真地对大家说，"拿同学们的外表开玩笑，用难

听的话讽刺、挖苦，这不是调皮淘气，更不是性格直爽，这是语言暴力，是非常错误的行为。奔奔之前从未有过这样的言行，一定是什么东西使他精神失常了！"

"没错，"猴蹿天帮腔，"这叫'人参和公鸡'！"

"人参""公鸡"森林居民都不陌生，可是"人参和公鸡"配在一起又是什么意思呢？大家交头接耳，相互询问。

"哟！说到'鸡'我才想起来，这家伙早上有没有吃鸡？"猴蹿天问阿皮。

阿皮答道："有啊！一只没吃饱，吃了两只呢，所以我俩差点迟到。"

357和猴蹿天不约而同对视一眼。

谜题要解开了吗？

为什么猴蹿天听说要成立"森林银行"后，就准备离开？

聪明的 357 其实早就猜到，猴蹿天极可能是靠放高利贷获得大笔财富的。为了不让冰雪森林的小伙伴陷入高利贷的旋涡，357 向熊所长提议成立"森林银行"。猴蹿天为什么觉得大家很快就不再需要他了呢？

我们已经知道，不管向谁借钱，通常都要支付一些"使用费"（即贷款利息）。假如需要借钱的是你，你是不是希望这个"使用费"越便宜越好呢？而猴蹿天经营的高利贷，"高利"二字已经嵌在名字里面，可见它的特点就是利息——"使用费"极高。

人们在买东西的时候，总要货比三家，选择物美价廉的。同样，借钱的时候也会做这样的比较，选择使用费（借款利息）最低的去借。当森林居民们没有选择时，急需用钱只能找猴蹿天借，忍受高利息的压榨。而森林银行一旦成立，大家就可以自由选择了——从银行借钱的使用费可比猴蹿天那里便宜多了，谁还会傻傻地去找猴蹿天借钱呢？

现实生活中，人们借钱或存钱时，也是先要比较过"使用费"才做决策的。贷款时，通常会选择贷款利率低的银行；反过来，存款时则要选择存款利率高的银行。不过，我们国家给银行规定了利息的大致范围，每个银行的存贷款利率虽然稍有差异，但是十分微小。但是，与高利贷相比，差别可就大了！

人类世界有那么多银行，为什么还存在高利贷？

现在你一定有这样的疑问：如果成立森林银行可能会令猴蹿天没生意做，那么人类世界已经有那么多银行了，为什么高利贷还存在呢？

首先，即便是银行遍地的今天，银行也没法满足所有人的借款需求。银行作为正规金融机构，必须对存款人的资金安全负责。也就是说，银行希望借出去的钱能够按时地、没有损失地收回来。道理很简单，你会把钱借给可能赖账不还的人吗？当然不会。银行也不会。为此，银行要对借款人的情况进行审查，只有在确保钱能够按时按量收回的前提下，才会发放贷款。所以，虽然人人都可以往银行里存钱，但并不是人人都能从银行借到钱。

其次，银行对借款人的情况进行审查的过程，是需要花一些时间的，时间长短与借钱的数目、用途等都有关系。这样，对于那些急需用钱的人就有些麻烦了。比如一位商人急需一笔钱周转，可是时间紧迫，来不及向银行贷款，这时候，他可能就会考虑用高利贷来解决燃眉之急。虽然利息高了些，可假如没有这笔钱，他的生意可能就要受损甚至破产，相较而言，他宁愿付出高额利息。

高利贷属于民间借贷的一种。所谓"民间借贷"，就是指普通人之间的资金融通，利息和期限只要双方协商一致即可。抛开道德因素，高利贷的借款条件较为宽松，速度也比较快，能够解决一部分人的资金需求，所以即使在银行随处可见的今天，高利贷依然存在。我国法律对普通民间借贷是持保护态度的，但是对于利息超过基准利率一定倍数的高利贷是不支持的，未经国家批准的机构和个人，擅自以发放贷款为主要业务，更是属于非法的。

1

问：猴蹿天为什么听说要成立森林银行，就打算离开冰雪森林？

2

问：对普通人来说，利率高一点好还是低一点好呢？

3

问：猴蹿天为什么想知道奔奔有没有吃鸡？

5 精彩推理秀

　　棕熊贝儿背着药箱匆匆忙忙地赶到飞行学校。他询问了一下奔奔的症状，表情严肃起来。他告诉大家，从昨天晚上开始，熊草堂已经收治了好几位类似的患者，症状无一例外，都是突然双目无神，然后如魔怔一般见谁都骂，话语难听。贝儿初步判定，这是一种中毒症状。

357 急切地问："那他们有没有吃鸡？"

"吃鸡？"贝儿疑惑道，"我只询问了有没有吃什么奇怪的东西，都说只是正常饮食而已……"

猴蹿天接着问："那么，生病的是哪些森林居民？"

贝儿一个一个地列举道："有'狸猫记'的狸拖泥，'獾乐送'的獾疾风、獾闪电，御林军的狼威风……"

"瞧瞧！"猴蹿天道，"这几位的'正常饮食'里，多半有鸡。"

树上的小鸟提出质疑："那歪歪怎么没事？狐狸可最爱吃鸡了！"

歪歪有点尴尬，小声说道："主要……主要是没钱了，我们家已经很久没有鸡吃了……"说完，他还咽了咽口水。

"瞧，第一条线索浮出水面。"猴蹿天望向 357 道，"咱们森林里养鸡的那位叫什么来着？"

"黄鼠狼阿黄。"

"哦，那快走吧，咱们去养鸡场看看！"猴蹿天让 357 跳到自己肩上，一起奔赴阿黄养鸡场调查情况。

贝儿和阿皮则扛起奔奔，又叫来几个伙伴，准备去森林事务所把熊所长一同带回"熊草堂"。从前，无论森林里发生什么事，只要熊所长在，大家就一点也不担心。现在，熊所长也"中毒"了，森林居民们必须靠自己来解决问题了。

猴蹿天带着 357 来到阿黄养鸡场时，阿黄正坐在太阳底下，一边哼着小曲，一边满意地欣赏着正在散步的小鸡雏。这些嫩黄色的小毛球，很快就会长大，

准能卖个好价钱。

　　"不可能是鸡的问题！"听 357 讲了奔奔和熊所长的事，阿黄急了，情绪激动地摇头否认，"我的鸡，吃的都是新鲜的嫩虫和上好的玉米粒。它们每天都晒太阳、做运动，绝对没有问题！怎么可能有毒呢？"

　　357 连忙解释道："阿黄，别误会，我不是这个意思。只是，中毒居民

唯一的共同点，就是吃了你的鸡。这样推理……"

"推理？"阿黄不以为然，"我看你是'忒不讲理'！"说着，阿黄扳起自己的指头，"我也吃鸡，前天、昨天、今天、明天，每一天我都吃自家的鸡，我怎么一点事都没有？你们无凭无据就来质问我，我口不择言没有？"

猴蹿天若有所思地喃喃自语道："王子都骑白马，可是骑白马的却不一定是王子，也可能是唐僧……"

"你在说什么？"357 和阿黄一起转头问他，他们被这没头没脑的话给说迷糊了。

"哦，我想起闯荡江湖时，听有人说过，在童话故事里面，王子总是骑着白马出现，可是骑白马的都是王子吗？不见得！"

357 马上领会了猴蹿天的意思："你是说，中毒的居民都吃了鸡，并不代表吃了鸡就一定会中毒？"

阿黄恨不能立刻摆脱嫌疑："哼！我就说，你们这是白忙活！"

"怎么能叫白忙活呢？"猴蹿天微笑道，"没有结果，也是一种结果。这条路错了，我们正好排除了一种可能。"

"那接下来该怎么办呢？"357 和阿黄一起眼巴巴地望着猴蹿天。

"当然是继续收集线索啊！"

"那鸡的嫌疑解除了吗？"

"还没有。不过我觉得，即便鸡有问题，也不会是无缘无故地出问题，会不会是鸡吃了什么不该吃的东西？"

猴蹿天的怀疑很有道理，单凭阿黄这一个例外，不足以洗脱鸡身上的嫌疑。

"鸡吃的是'鼠来宝'专供高级饲料，我的鸡挑食，从不乱吃东西。"阿黄答道。

"那就好办了！"猴蹿天拍拍手，站起身，让357跳到自己肩上，径直向"鼠来宝"奔去。

让鸡中毒的是什么呢？嫩虫还是玉米粒？357也想快点查出真相。

养鸡场气氛紧张，"鼠来宝"里却是一团和气。森林居民们聚在门口，等待着品尝新甜品"仙女丝"。京宝在机器前忙活，扎克负责接待顾客。

看见357回来，京宝连忙停下机器跑出来："我刚从芭芭拉那里听说了飞行学校的事，你们没事吧？"

猴蹿天没有直接回答，而是急急地询问："京宝，你们店里的玉米粒和虫子都没问题吧？"

"玉米是我从喜鹊那里买来的，我自己也吃过，绝对没有问题！虫子的来源有点复杂……不过卖给阿黄的嫩虫是扎克亲自捕来的，他自己也吃这种虫子，应该不会有问题。"京宝对"鼠来宝"的每件商品都十分清楚，打理得井井有条。

357和猴蹿天正准备去问扎克，只听见"鼠来宝"里传出啪的一声响，接着稀里哗啦一阵混乱，店内的顾客慌慌张张地逃了出来。

"快跑呀！扎克疯了！"他们一边跑，一边喊道。

357和京宝连忙冲进"鼠来宝"，迎面差点被扎克丢出来的锅碗瓢盆砸到。

京宝赶忙跳上露台去安慰墨墨，357 则当机立断，抄起绳子把乱扔东西的扎克五花大绑。扎克还是叫喊不停，慌乱中，357 把"仙女丝"当成了棉花团，塞进了扎克嘴里。可是"仙女丝"很快就融化了，眼看扎克又要胡言乱语，357 顾不得许多，又抓起一把橡果塞到扎克口中，他这才安静下来。

　　"如此看来，问题说不定在虫子上。"猴蹿天蹲在露台上说，"捕虫的

扎克中毒，鸡吃了扎克的虫，所以吃鸡的居民们也中了毒。"

　　这下，京宝是沮丧加担忧："那我们'鼠来宝'不是惹祸了吗……"

　　"不一定，"猴蹿天安慰道，"虫子或许依然不是罪魁祸首，最终真相，还得咱们继续追查。"

　　357和京宝对视一眼，神情凝重地点点头。

"推理"是什么?

侦探故事中常有依靠"推理"破案的情节,那么"推理"到底是什么呢?

推理是"逻辑推理"的简称,它是指根据逻辑关系得出结论的思维过程。那"逻辑"又是什么呢?它是指客观事物的规律或规则。这个词听起来怪怪的,因为它是由希腊语音译而来。在希腊语中,"逻辑"一词带有思想、词语、理性、推论等含义。由此可见,所谓"推理"或者"逻辑推理",就是以遵循客观规律的思考得出结论的过程。"推理"之所以可以帮助侦探们破案,很大程度上正是因为它尊重事实和客观规律,而不依靠侦探的直觉、感受、想象等这些主观的东西。

推理有哪些形式？猴蹿天"破案"时，用的是哪种推理？

逻辑推理有多种不同的形式。在寻找真相的过程中，357和猴蹿天从客观现象（中毒的居民都吃了鸡）得出"吃鸡会中毒"的结论，这种由"特殊"到"一般"的推理叫作"归纳推理"，特点是结论有很强的不确定性。猴蹿天用从人类那里听来的话解释了原因——王子都骑白马，但骑白马的不一定都是王子。也就是说，尽管许多居民因为吃鸡而中毒，但这不足以得出"鸡导致中毒"的结论。同样道理，你坐过十次飞机，恰好飞行员都是男性，但你不能得出"所有的飞行员都是男性"这样的结论，因为你只是还没遇到女飞行员而已。

所以，对"归纳推理"得出的结论进行仔细验证是非常有必要的。你看，阿黄吃鸡而没有中毒，这就轻易推倒了"吃鸡会中毒"的结论。而因吃虫中毒的扎克，则证明了其他可能毒源的存在。下一步，357和猴蹿天要做的就是找出虫子身上的毒是从哪里来的。我们拭目以待。

问："天下乌鸦一般黑"这个俗语中包含什么推理过程?

问：归纳推理得出的结果可信吗?

问：猴蹿天是怎样运用归纳推理的?

6 围攻荞鸡场

"猴大侠！"357 请求道，"麻烦您去一趟熊草堂，把咱们的猜测告诉贝儿。"发现虫子有可能是毒源后，357 认为有必要马上通知大家。

357 对猴蹿天如此客气，京宝有些意外。不过他很快回过神来，从地下仓库取出几袋嫩虫交给猴蹿天："卖给阿黄的嫩虫和这些嫩虫是一样的，幸好还没有开始大卖。请猴大侠把这些嫩虫一起带给贝儿，让他检查一下吧！"

京宝想得真周到。

猴蹿天一口答应了 357 和京宝的嘱托。

猴蹿天离开后，357 又对京宝说："你恐怕得去一趟阿黄那里，请他暂停营业。鸡暂时不能卖了。"

京宝叹了口气："他早上还来咱们店里买了好几个'仙女丝'，说今年鸡卖得好，会多多支持我们，现在我却要让他暂停营业……况且嫩虫还是我们卖给他的……"

357 明白京宝的心情，冰雪森林的居民们向来友爱互助。阿黄总是帮衬"鼠来宝"的生意，"鼠来宝"却给阿黄添了麻烦，这也令 357 感到难过。他安慰京宝说："咱们把阿黄的钱退回去，再赔偿他的损失吧！"

京宝点点头："他很喜欢吃咱们的'仙女丝'，我多带几个给他。"

京宝离开后，357 决定去扎克捕虫的地方——森林南端 3 号狐狸家领地去看看。

"哦，我想起来了！"露台上的乌鸦墨墨终于想起她到"鼠来宝"做什么来了。至于刚才为什么被气哭，现在她反而忘记了……

"357 别走，我要买东西！"

自己的好伙伴扎克也"中毒"了，357 心里更加着急。尽管如此，他还是耐心地接待了乌鸦墨墨。

"你终于想起来了吗？说吧，我拿给你再走。"

墨墨慢悠悠地回忆起来："这要从昨天傍晚说起……"

"墨墨，对不起，"357礼貌地打断她，"能不能别从昨天晚上说起……好多森林居民都中毒了，我正在急着找线索！等大家都好起来，我再听你讲，好吗？从你出生讲起都行！"357心急如焚，却尽量和缓措辞。

"好吧，那你要说话算话。"墨墨叹了口气，"我要夜空色的衣服，上面绣了标志的那种。"

357感到疑惑："衣服？那你得去找兔子霹雳，我并不是裁缝啊！"

"不不不，那不是普通的衣服，就是要从昨天傍晚讲起嘛！昨晚，河对岸来了几个人，还带了两条大狼狗。这两位跟城里那些游手好闲的家伙可不一样，他们跟主人穿着一样的衣服，高大英俊，简直比御林军的狼威风还要威风！"墨墨两眼放光，很兴奋的样子，"他们两个可是有身份的，一个叫'少校'，另一个叫'上校'，哎呀太酷啦！我就想要穿起来显得很威风的那种衣服！"

357听说河对岸又来了不速之客，有些警觉。可是此刻，他来不及细想，只回答道："好，我知道了，等我找到解毒的方法就去给你找一套。"说完，357就朝狐狸家的领地跑去。

墨墨满意地点点头。她低头冷不防看见被绑起来的扎克，想起扎克说她是"讨厌鬼"，于是又呜呜呜地哭起来……

另一边，京宝用最快的速度赶到养鸡场，可似乎还是晚了一步。看来"吃鸡会中毒"的消息已经传遍森林。京宝找到阿黄时，养鸡场已经被愤怒的森林居民们围住了。

"黄鼠狼养鸡，没安好心！"

"给鸡下毒，没了良心！"

森林居民们怒气冲冲，不停地向阿黄逼近。

"杀掉所有的鸡！"

"烧毁毒鸡舍！"

抗议声此起彼伏。

阿黄被逼到没有退路，还是在努力地解释："我真的没有下毒，我的鸡没有问题！我自己也吃鸡，你们看，我不是好好的？"

可是愤怒的森林居民们根本不听："你骗谁？你既然下了毒，自己怎么会吃？"

"杀掉所有的鸡！"

"烧毁毒鸡舍！"

京宝连忙跳到阿黄身边，大声替他辩解："阿黄没有骗大家，他真的没有下毒，是我们'鼠来宝'的虫子饲料出了问题，我们

已经在找解毒的办法了！请大家耐心等一等。"

"可是鸡已经中毒了，不能吃了！"

"必须杀掉！！"

大家的情绪依然激愤。

"这些鸡是我的心血，我的全部身家！没有鸡就没有我！不能杀啊，就算杀了我，也不能杀我的鸡！"阿黄带着哭腔，有些悲壮。

京宝忽然觉得有些不对劲——怎么来抗议的还有兔子、狍子、梅花鹿这些平时根本不吃鸡的居民呢？他们既然不吃鸡，没有中毒的可能，那何必硬要阿黄杀鸡呢？

一打听才明白，原来这"毒"比想象中还要厉害，因为——它会"传染"！不仅吃鸡的会顷刻变"毒舌"，被"毒舌"伤害的，也会感染变"毒舌"。

"我妈妈本来是很温柔的，"一只小兔抽泣着说，"今早出门回来，她突然变了！我只是问了一句离月圆还有几天，她居然说我没长脑子！"

"我爸爸也是！"小山雀抱怨道，"飞行学校出了乱子，他反而说停课正好，反正我这样的笨蛋，什么也学不会！"

……

大家都是一肚子委屈，可见这"毒"有多厉害。难怪大家一定要逼阿黄杀掉所有的鸡。

京宝想起自己被扎克"误伤"时，心中的确万分难过。如果他不是了解扎克的品性，说不定真的会被"传染"，开口骂回去——你这个臭刺猬！

"大家不要吵了！"京宝喊道，"我明白大家的心情。可是，这毒真的没有大家想象的那么可怕。扎克也中了毒，我和357刚被他骂了。但我并没有被传染，357也没有。这个时候，相互理解第一，他们只是中了毒，并不是有心的。大家不要伤心，更不要受影响。"

大家沉默了一会儿。梅花鹿突然站出来说："对啊！狸拖泥说我头上长树枝，可是，角是我的武器，我很喜欢，狸拖泥还没有呢！"

鼹鼠也点点头："虽然我是眯眯眼，可我在地下畅通无阻！"

"就是这样！"京宝给大家打气道，"虽然毒源和解毒方法我们暂时还没找到，可是我们有办法阻止它传染！阿黄也是受害者，我们不能因为自己被伤害，就迁怒于无辜的阿黄。"

大家小声议论了一阵，觉得京宝的话有点道理。他们慢慢散去，决定先把阻止传染的方法告诉身边的亲友，再耐心等待解毒的良药。

这神秘的"毒"真可怕！

鸡对阿黄来说意味着什么?

"中毒事件"令森林居民们苦不堪言,被"毒舌"伤害的居民出于惊恐和愤怒,要求阿黄毁掉养鸡场和他的鸡。假如京宝没有及时出现,那阿黄可就惨了。

阿黄养鸡场是靠卖鸡和鸡蛋来获得收入的,也就是说,鸡能够给阿黄带来收益。像这样能给企业或个人带来经济利益(收入)的资源,叫作"资产"。对于阿黄和他的养鸡场来说,鸡就是他最重要的一项资产,它们归属于阿黄,一直给他带来丰厚的收入。假如鸡被弄死,不管鸡舍是否还在,阿黄在很长一段时间之内都难有收入了。

资产还可以进一步分为"有形"和"无形"两种。对阿黄来说,鸡和鸡舍就属于他的有形资产,可以直接带来收益。那么无形资产呢?假设阿黄拥有出色的养鸡技术,使得"阿黄"牌鸡蛋和鸡肉具有特别的营养价值和口感,那么阿黄的养鸡技术,以及"阿黄"这个品牌,都属于他的无形资产——虽然没有实际形态,但也能够产生价值。

小心语言的"杀伤力"！

我们已经知道，语言暴力也能够给人造成伤害。在生活中，我们或多或少都会遇到这类有杀伤性的语言。就像故事里有些森林居民一样，虽然没有"中毒"，却因为坏情绪，也变成了"毒舌"。为了避免受到语言暴力的伤害，同时也避免自己用这类语言去伤害他人，首先要学会识别。除了前面提到的"绰号"和"人身攻击"，日常生活中有一些表达方式虽然没有直接暴力那么可怕，却也有一定的杀伤力：

假设你提出一个问题——"我的书在哪里？"想象一位家人或朋友，按下面的答案回答，体会一下你的心情分别是怎样的。

答 A："在书桌上啊。"

答 B："你眼睛看不见吗？不就在书桌上吗？"

答 C："你不会自己找？"

答 D："你没脑子吗？自己放在哪里了不知道吗？"

答 E："你问我，我问谁？"

答 F："我不知道，咱们一起找找。"

无论被问的人知不知道书在哪里，显然 A 和 F 是比较正常的回答，但是与答案 B、C、D、E 类似的回答，生活中或多或少都会听到吧？相信不用多说，你只要读一读，就会觉得像被迎面泼了一盆冷水一样难受——这是典型的"不好好说话"。

类似这样的语言，与侮辱性的绰号一样，会使人产生负面情绪，令好心情瞬间变得沮丧，失去沟通的欲望。这是非常糟糕的说话方式，我们应尽可能避免这样。有些人可能因为心情不好，语言充满发泄的情绪，而自己并没有意识到，这时你最好能够用合适的方式提醒他，换一种方式沟通。

1

问：听说森林居民要烧毁养鸡场和鸡，阿黄为何如此激动？

2

问：资产一定是看得见、摸得到的吗？

3

问："笨死了""别学了，反正也学不会""没出息"……这类语言有什么问题？

7 解药就在身边

京宝问："阿黄，现在就我们两个，告诉我，你真的吃鸡了吗？"

阿黄急了："当然！不信，我现在再吃给你看！"

"我信……那除了吃鸡，你今天还吃了或接触了别的什么东西吗？"京宝隐隐觉得，如果吃鸡会中毒，而阿黄吃了鸡却没中毒，那会不会……解毒的东西就在他身边呢？

"没有接触什么特别的东西啊，吃的东西……咕，只是早前吃了你做的'仙女丝'啊！"阿黄指指京宝新带来的几支"仙女丝"说道。

"那……"京宝一拍脑门儿，"也就是说，你也中了毒，只是你的毒被'仙女丝'化解了？"

"唔……我也不知道。"阿黄的脑子没那么快，"要不我再吃一只鸡试试看？"

"那倒不用。"京宝放下专程带来的"仙女丝"和给阿黄的饲料退款，一个筋斗翻上了树，"先回去看看扎克就知道了！"

京宝想起扎克失常时，357曾在慌乱中把"仙女丝"当作棉花团塞进扎克口中。说不定，"仙女丝"就是解毒良药？说不定，扎克此时已经好了？京宝一边在树上飞奔，一边祈祷，祈祷"仙女丝"真的有用，这样阿黄和他的鸡就安全了，中毒的森林居民们也有救了！

靠近"鼠来宝"时，京宝已经远远地听见，乌鸦墨墨发出"嘎嘎嘎嘎"的笑声。随后，"鼠来宝"里传来嘴里塞着东西的扎克含混不清的声音："墨……墨，你别光傻笑啊……快……快来救救我！"

扎克的声音令京宝开心极了——扎克恢复正常了！憨厚善良的扎克回来了！京宝迫不及待地冲进"鼠来宝"，扑到扎克身上，给他一个大大的拥抱。

"哎哟！"京宝痛得龇牙咧嘴。他太激动了，居然拥抱了一只刺猬！

扎克嘟嘴道："京宝，你跑到哪里去啦？357呢？你们为什么把我绑起来啊，伤心！"

京宝一边替他解开绳索，一边问："怎么？你什么都不记得了吗？"

扎克摇摇头。

"你刚才中毒了！你说我是'尖嘴猴腮的丑八怪'……"

"还说我是'讨厌鬼'！"墨墨也撇嘴。

扎克吃惊地用爪子捂住嘴巴："我……我说的？"

京宝和墨墨同时点头。

"不过，你并不是有心的，你刚刚中毒了嘛。"京宝替他解围。

扎克用劲儿地拍了拍自己的脑袋："天啊……我还骂谁啦？我……我怎么能说出这样的话！对不起……"

"别怕，没事了！我差不多已经知道用什么解毒了——就是咱们的'仙女丝'。"京宝开心地重新打开机器，"我要多做一点，带到'熊草堂'去，

这样大家就都会好起来了！"

　　棕熊贝儿的"熊草堂"里，357已经带着在狐狸家领地上找到的怪草给贝儿研究了。这草异常美丽，通体脆绿，有着可爱的心形叶片，嫩黄色的花朵却散发着诡异的香气……

　　"狐狸们说，只有这个是他们之前没见过的。"357道。

　　"没错，咱们冰雪森林里没有这种植物，应该是外来的。"贝儿仔细地察看手里的怪草。

　　狐狸歪歪插嘴说："是不是大雁商旅队带来的，他们飞走以后才长出来？"

　　春暖花开时，大雁商旅队飞来参加了冰雪森林的春天集市。随后，他们

租用了狐狸家的领地，在那里休息了一段时间之后，才继续向北飞回西伯利亚高原。恐怕怪草的种子，就是夹在货物中被带到冰雪森林，又落在这里的土地上生根发芽的。

贝儿小心地撕开一片叶子，一股寒气散发出来，357不禁打了个寒战。贝儿闻了闻："苦辣，寒凉，恐怕有毒！"

猴蹿天打开从"鼠来宝"带来的新鲜嫩虫，扔了几片叶子进去。虫子们很快就吃光了，顷刻间，又突然乱窜乱扭起来。

——森林居民中毒的源头终于找到了！

"从草到虫，从虫到鸡，再到吃鸡的居民……过了三级，毒性还没有分解！"歪歪有些后怕，这草可就长在他们家周围呀，"我得赶紧回去，发动全家一起除草！"

357问正在翻查资料的贝儿："找到这草的名字了吗？"

贝儿摇摇头："手头资料都找过了，没有。比薄荷还凉，比冰雪还冷，这草还真是诡异。"贝儿把怪草收进玻璃瓶中，准备进一步研究解毒的方法，"咱们暂时叫它'冰薄荷'吧！"

京宝背着一包"仙女丝"，风风火火地冲进"熊草堂"："解毒方法……找……找到了！"

大家迎上去，把京宝围起来："真的吗？太好啦，京宝！"

"虽然不知道是什么原理，可是或许真有用！阿黄和扎克先后吃了我们的'仙女丝'，一个根本没发病，一个已经没事了。贝儿，要不要试试？"

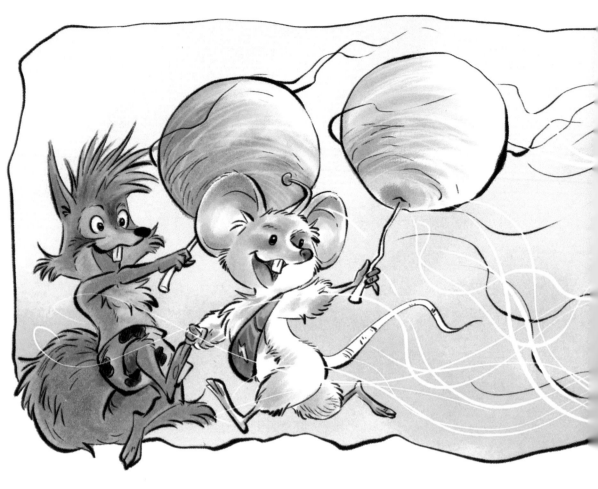

听到扎克好起来了，357 高兴地和京宝拥抱。

"事不宜迟！"贝儿同意试一试。

大家七手八脚地把"仙女丝"塞到中毒小伙伴的嘴里，乱哄哄的"熊草堂"里渐渐安静下来……

"好痛……哪个踢了我？"奔奔一个鲤鱼打挺站起来，警惕地环望四周，却发现自己并不在飞行学校，"咦？我这是在哪里？"

先前中招的熊所长、狼威风、"獾乐送"两兄弟也都恢复正常了！

谁能想到，甜蜜蜜的"仙女丝"，居然是"冰薄荷"的克星！虫吃草、鸡吃虫、大伙儿吃鸡，被传染的森林居民，只要吃了"仙女丝"，很快就都

好起来了。这下，阿黄的养鸡场也保住了——在阿黄家买了鸡，就可以到"鼠来宝"免费领取一支"仙女丝"。

"仙女丝"咬在嘴里甜甜的，吃下去心里暖暖的。森林居民们终于不再恶语相向，他们恢复常态，好好说话，相互尊重——这才是大家热爱的冰雪森林啊！

357终于松了一口气。本来他要和熊所长商量成立森林银行的事，被"冰薄荷"这么一闹，耽误了不少时间。好在熊所长已经恢复了健康，他请来金雕爷爷，准备召集森林居民开会。"银行"这么陌生的事物，能得到大家的认可吗？

猴蹿天"破案"过程中用到的思维方法

当森林里一片混乱、大家对"毒源"一点头绪也没有的时候，猴蹿天和357大胆地运用逻辑推理，将目标锁定在鸡身上，并不断求证，终于找到了"毒源"。我们已经知道，帮助猴蹿天解决问题的逻辑推理属于"归纳推理"，虽然它的结论不太可靠，但却很容易验证。我们来完整地回忆一下，猴蹿天是怎么应用归纳推理，并一次次对结果进行验证的。

*收集线索：猴蹿天看到或从357和阿皮口中一共得到三条线索——

→熊所长在中毒之前，恰好在吃鸡；

→奔奔中毒前也吃过鸡；

→奔奔的症状与熊所长非常相似。

*初步推理：猴蹿天通过归纳中毒者之间的共性，得到第一个结论，吃鸡导致中毒。推理结果是否正确呢？现在需要对它进行验证。

*继续收集线索：贝儿提供新线索——

→"熊草堂"里的中毒居民都是食肉动物，只要正常饮食，就少不了吃鸡。

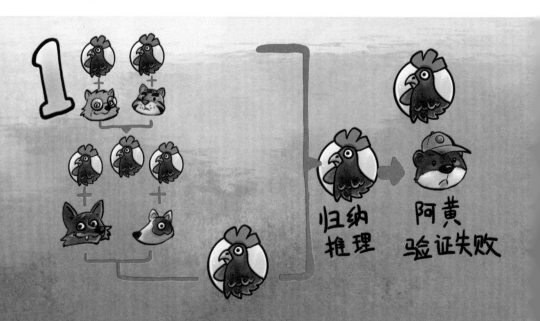

归纳推理 阿黄验证失败

*验证初步推理结论：又是鸡！猴蹿天归纳推理得到的结论通过了考验，如果能得到更多验证，那么结论就是可靠的。

*推理受阻：到了阿黄这里……糟糕，阿黄吃鸡却没有中毒，推理结果被否定了！

*寻找新线索：

→扎克因吃了虫子而中毒；

→鸡也吃了同样的虫子。

*校正推理方向：

看来猴蹿天的推理并没有错，但需要稍稍调整方向，从鸡追溯到虫子。

*开始新一轮的推理和验证：虫子身上的毒又是哪里来的？

现在你明白猴蹿天的"破案"过程了吗？他先用归纳推理给出合理猜测，再代入到客观事实中，一边验证，一边调整，再验证，再调整，直至找出答案。追查到虫子身上，其实猴蹿天的推理已经成功，森林居民中毒事件可以"结案"了。

至于什么导致虫子中毒、如何解毒，那又是另一桩"案件"了。故事中，分别由 357 和京宝找到了答案，并且他们使用的同样是逻辑推理。你能用下面的画图方法，重新梳理一下 357 和京宝的思考过程吗？

1

问：猴蹿天选择"鸡"作为线索是凭感觉吗？

2

问：京宝找到解毒方法依靠的也是"归纳推理"，你能说说他是如何推理的吗？

3

问：京宝通过推理找到的解毒方法可靠吗？如何验证？

8 雪山上的阴谋

人类要弄明白"超声波反射"和"巡航定位"这些高科技，可能得花点功夫。可是在森林里，羽毛还没长齐的小家伙们都知道，那不就是蝙蝠和鸽子的绝技嘛！357也是来到冰雪森林之后才发现，实验室里研究的"纳米结构防水材料"，其部分灵感就来自鸟儿们的羽毛。至于抗震技术、防震保护装备等，那是在模仿啄木鸟的脑袋呢。猫头鹰就更厉害了，黑暗捕猎、听觉监视、无声飞行……在357眼里，他们浑身上下都是"高科技"。

不过"简单"和"复杂"都是相对的。人类世界中随处可见的、连小孩儿都知道的"银行",可把森林居民们给难坏了!

森林事务所里,357向森林居民们详细介绍了"银行"的作用和好处,他说得口干舌燥,可大家还是懵懵懂懂,好像都不太相信似的。

什么?把自己的钱放到那个叫"银行"的地方安全吗?和大家的钱放在一起,万一银行不认账怎么办?自己的钱会不会就这么消失了?

什么?还要把钱再借出去给别的居民用,那拿不回来怎么办?

什么?帮我保管财产,还给我钱,有这种好事?不会是骗子吧……

要不是熊所长和金雕爷爷坐镇,恐怕大家早就一哄而散了。

也难怪,就拿聪明的中国人来说吧,从使用贝壳做货币,到建立"钱庄",足足经历了两千多年。而从古老的钱庄、票号、银号发展到现代银行,又用了几百年。要是京宝没记错的话,冰雪森林从"以物易物"到用上贝壳和金银贝,松果才成熟了几次。与人类世界相比,这个速度的确是快了点,难怪大家一时难以理解。连金雕爷爷这样智慧的长者,也犹豫了很久,才决定支持成立森林银行的。

"大家静一静!"金雕爷爷发话了,"熊所长和我商量过了,成立森林银行是对大家都有益的好事。大家应该养成存钱的习惯,把多余的钱存进银行,既安全,又有利息拿。需要借钱的居民,也不用再东拼西凑,直接向银行贷款就可以啦!我和熊所长愿意带头,把钱存进森林银行。"

熊所长点点头:"不仅如此,我们还将用税金建立一个最坚固的金库,

原本保存在山上的税金，也会慢慢运到金库里来保存！大家还有什么不放心的，都可以说出来，咱们一起讨论。"

"连金雕爷爷和熊所长都说没问题，那就是安全的吧！"

"可不，连税金都存在那里呢……"

"反正……相信金雕爷爷和熊所长，准没错！"

尽管有些居民还是不太明白银行到底是个啥东西，成立森林银行的提案最终还是以三分之二的赞成票，通过了。

森林委员会又讨论了几次，最终决定把森林银行建在事务所对面，除了气派的地面建筑，连地下金库也用最坚硬的花岗岩搭建。森林居民们想到自己的钱放在堡垒一样坚固的金库里，更觉得安心了。

没过多久，森林银行的地下金库和地面建筑都已经全部完工。狼威风带着御林军精锐，每天往返于雪山和森林银行之间，把保存在山洞里的税金分批运到金库里。这可比放在山上安全多了！等到他们把山上最后一批税金运到地下金库，森林银行就可以开始营业了！

傍晚时分，居民们从四面八方赶到中心公园，参加森林银行的开业庆典。听说，熊所长请了神秘表演嘉宾，357还从城市里运来了美丽的烟花。星星亮起来时，只等熊所长一声令下，水獭们就会在冰河上点燃烟花，神秘嘉宾将献上精彩的表演。森林里的小家伙们，还从来没有参加过这样盛大的庆典呢！

太阳刚刚落山，森林中心公园的广场上早已水泄不通。"冰薄荷事件"

103

之后，大家都盼着聚在一起，好好热闹一番呢！

其实，熊所长请来的神秘嘉宾就是阿皮和奔奔。他们的滑翔翼经过阿皮的反复实验和改良，不仅飞行更加平稳，而且能够控制方向。不过双机飞行表演是相当有难度的，阿皮和奔奔不仅提前试飞了好几次，还决定提早上山，观察风速和气流状况。他们俩也在傍晚时分渡过冰河，爬上雪山。只等约定时间一到，乌鸦导航员发出信号，他们就会用"花式翻滚"从天而降。飞到冰河上空时，他们俩将拉开一条彩绸，上面用荧光涂料写着四个大字——"开业大吉"。

在上山的路上，阿皮和奔奔发现了一座奇怪的小房子。奔奔跟 357 进

过城，所以他一眼就认出，这是人类搭建的。可是，一般的房子都是搭建在地面之上，而这座小房子，却掘地三尺，大部分都在地面之下，只有小部分山墙和屋顶露在外面。阿皮也很好奇，就大着胆子钻进去查看，发现屋里有许多新鲜的食物。可以肯定，有人住在里面。

奔奔有点担心："咱们森林的税金可就在附近，这些人不会是来挖金子的吧？"

"放心好了！我听说，老金库藏在一道神秘的瀑布后面，除了熊所长和御林军的捕头们，谁都找不着！"

因为这里是御林军运送金银贝的必经之路，奔奔有种不祥的预感，他

在附近谨慎小心地察探着什么。

"可能是来山上避暑的人类吧，咱们快走吧！"阿皮催促道。他心里惦记着为飞行表演做准备。

"阿皮，快来！"奔奔果然又有新发现—— 一片好端端的白桦树被人类用绳子给系在了一起，一棵连着一棵，似乎是怕它们逃跑。

阿皮也觉得奇怪，不过他没有上前，反而倒退了几步，他决定从另一个视角去观察。他铆足了劲儿，跳到一块高高的石头上面，突然大喊道："奔奔，我不过去，你过来！"

奔奔本能地转身，却一头撞在绳子上。顿时，他觉得两眼发黑，只好使劲儿地抖抖毛，让自己清醒，再小心翼翼地从绳子中间钻出来。奔奔好

不容易跳到阿皮身边——天哪！从高处往下一看才发现，有人用绳索、铁丝、树枝在白桦林里围出了一座"迷宫"。如果被人刻意驱赶进去，很容易迷失方向，撞得眼冒金星，在慌乱之中，只能顺着绳索围起来的路往前跑，而那条路的尽头呢——是一个又大又深的坑！

奔奔和阿皮跑过去，看了一眼就吓得连连后退。

奔奔有点后怕："这么深！我可跳不出来……"

阿皮说："我也是！"

……

奇怪的小屋、神秘的迷宫、幽深的陷阱……这些人绝不是来度假的！可他们的目标又是什么呢？

一点穿越：古人存钱吗？

"银行"对我们来说一点都不陌生，家附近的街道上、繁华商业区林立的高楼中、铺天盖地的广告里，总能见到"银行"两字。实际上，中国第一家真正意义上的银行成立于清代末年。那么，在没有银行的古代，中国人存钱吗？又存在哪里呢？

故事里，经历了一番波折之后，"森林银行"即将要成立了。之所以叫作"森林银行"，是因为357在人类世界中学到了"银行"这个词汇，而从它目前的功能来看，还算不上真正意义上的银行，顶多能算古装剧中常出现的银行的原始形态——"钱庄"或"银号"。

人类的生活水平与生产力水平直接相关。今天的我们享受着现代化的美好生活，家里还有许多存款，这都是生产力进步的结果。在古代，虽然中国人有居安思危、未雨绸缪的好习惯，会为应付不时之需在家里存一些钱，不过有钱可存的家庭并不多，所以大多数人没这种"烦恼"。

明朝时期，随着生产力的发展，经济也逐渐发达起来。人们的生活水平明显提高，越来越多的普通家庭开始有了积蓄，商业活动也越来越频繁。跨地区进行买卖交易的商人把大量银钱带在身上，既不方便，也不安全，万一遇上土匪或者山贼，可能连性命都不保。所以能够提供"存取"服务的钱庄、银号、票号、钱店，也就应运而生了。

明清时期，到外地采买货物的商人，可以把钱存在"银号"中，等到了目的地，再从当地同一家银号的"分号"取钱付款。而普通人没有太多携带大量现金出行的需要，所以把钱藏在家里依然是最常见的做法。

总之，始于明代的各种"原始银行"，主要作用就是支持商业活动。普通人就算有钱可存，不仅没有利息，恐怕还得交纳"保管费"呢！

1

问：357 提议成立银行，为什么要请熊所长和金雕爷爷出面？

2

问：银行主要靠什么吸引大家存款呢？

3

问：从金雕爷爷的分析来看，银行除了可以帮我们保管钱，还有什么作用？

9 勇斗偷猎者

阿皮和奔奔在山上发现人类设下的陷阱时，森林里等待庆典开始的居民们还毫不知情。他们聚在森林中心公园，兴奋地摆弄着新玩意儿——存折。森林银行给每一位来存款的居民都建立了一个独立的"账户"，而存折上记录的正是账户的信息，包括存取款的时间和金额。听说存的钱越多、时间越长，

获得的"利息"也越多。森林银行帮大家管钱，还付"利息"，这种好事当然不能错过。每一位森林居民都抱着极大的热情，开开心心地把积蓄存进森林银行。

　　每一位森林居民都开心得像过节，只有熊所长一脸的担心。按照约定，御林军的狼捕头狼威风应该已经带着最后一批税金下山了。可是，夜幕已经降临，狼捕头却还是不见踪影。

　　眼见星星一颗颗点亮，庆典还没有开始，合唱团的鸟儿、冰河上准备放烟火的水獭以及其他等待的居民们躁动不安起来。

可是熊所长说，必须等狼威风带着最后一批税金回来，庆典才能开始。万事俱备，只欠"威风"。

突然，山上传来"嘭"的一声巨响。紧接着，一朵朵明亮的烟花在冰河上空炸开。碧绿、明黄、深红、浅粉……烟花如春天的花朵般在夜空中绽放，林地里一片欢呼和叫好，合唱团也开始唱歌了。

"快看！"不知谁叫了一声。大家不约而同地抬头，只见乘着巨大滑翔翼的阿皮从天而降，他飞得又快又稳，精确地降落在地面的红圈圈里。森林居民们发出阵阵喝彩！

可是，熊所长的眉头却皱得更紧了，因为那"嘭"的一声响，根本不是他发出的信号。

"不好，出事了！"熊所长向阿皮径直冲去。

还没等熊所长问话，阿皮先喊道："熊所长，不好啦！我和奔奔在山上发现了一个陷阱，可能是人类要围捕御林军！奔奔已经去找狼捕头了，我飞下来报信，请求支援！"阿皮一口气说完，累得趴在地上直喘粗气。

根据熊所长的判断，刚刚那"嘭"的一声响应该是枪声。冰河上的水獭们误以为那就是庆典开始的信号，于是烟花提前炸开了。

为了不引起大家的恐慌，熊所长悄悄把离他不远的"森林三侠"和猴蹿

天拉到阿皮的降落地点，商量对策。面对这样的紧急事件，熊所长居然叫猴蹿天一起商量，足见经过"冰薄荷事件"，猴蹿天已经获得了大家的信任。

熊所长认为，奔奔、狼威风和同行御林军都可能遇险，必须立刻上山营救。

猴蹿天拦住他道："别急！既然人类带着枪，恐怕熊大人您也不是他们的对手。冲动说不定会让大家陷入危险，咱们不如花一点时间，分析一下形势，再定个行动计划。"猴蹿天说得有理，俗话说"磨刀不误砍柴功"。

"同意！既然奔奔已经去找狼捕头，只要他们遇上，肯定能绕开陷阱……"357说道。

果然，357话音未落，树上的京宝就看见御林军大部队回来了。所幸他们身上的包袱完好无损，似乎并没有遭到围捕。

熊所长询问后才知道，原来御林军连续好几天在雪山和林地之间往返，引起了偷猎者的注意。在偷猎者眼中，御林军就等于昂贵的"皮草"，更别说"皮草"身上还背着一袋袋黄金。他们原本想顺藤摸瓜，找到金矿或者金库的位置，大赚一票，可是跟踪了几天，就是找不到金子是从哪儿运出来的。于是，偷猎者干脆设下陷阱，打算把整支御林军一网打尽！

幸好奔奔和阿皮无意中发现了偷猎者的小屋和陷阱。可情况紧急，跑下山搬救兵是来不及了，奔奔灵机一动，让阿皮按原计划飞回林地报信（这可比跑下山快多了），他自己则先用尖牙利爪破坏树林里的"迷宫"，然后拼了命地四处寻找御林军。奔奔运气不错，他在一道瀑布附近和狼威风撞了个正着！虽然御林军大部队绕了不少路，耽误了一点时间，可他们总算成功绕开了人类的陷阱，将最后一批税金完好无损地带回了森林银行。

放心吧，我知道去哪里搬救兵！

原来，听到"偷猎"两个字，357突然想起，乌鸦墨墨说她曾见过人类带着大狼狗出现在河对岸。起初，357还以为他们就是偷猎者，可是墨墨说他们穿着夜空色的制服，上面还绣着标志——那可不是普通的人和普通的狗，而是森林公安和警犬！要整治偷猎者，还有谁比森林公安更厉害呢？说不定，森林公安就是发现了偷猎者的踪迹，才带着森林警犬来到冰雪森林的。357把这些话说出来后，大家才稍稍觉得安心。

　　"哎呀，你怎么不早说呢！"猴蹿天突然抓耳挠腮地焦虑起来，"就算

找到了森林公安，一只松鼠、一只乌鸦，怎么跟人交流啊？应该派我去啊！"
猴蹿天上蹿下跳，不停地用手比画，好像他的"猴言猴语"能跟人类交流似的。

"真是'猴急'！"扎克憨憨地笑道，"咱们跟人没法交流，跟狗还不行吗？"

对啊，森林公安是带着警犬来的。警犬可都是训练有素的"正规军"，他们一定知道该如何向公安说明情况。

此时，墨墨背着京宝盘旋在森林上空，他们很快就发现了警车。

"冲！"京宝一声吼，墨墨像一道黑色的闪电，飞向闪烁的警灯。

一点穿越：存折——不算太古老的"老古董"

得到爸爸妈妈的允许，你可以看到爸爸妈妈的钱包里面，除了现金，还有一张张小卡片，上面写着"XX银行"。如果把这些小卡片插入银行的ATM机（自动存取款机），不仅能够看到个人账户信息，还能直接用它办理存款、取款、转账等业务。在手机和电脑上，输入卡片上的号码和密码，也能够进行相应的业务办理。这些银行卡片可能是我们生活中最常见也必不可少的物品之一。但其实从银行卡出现，到今天这样被广泛使用，不过几十年。

在银行卡大规模普及之前，银行记录存取款账户交易使用的是一种纸质的薄本，比护照稍微窄一些，叫作"存折"。无论存款或者取款，都会在这个小本子上显示得清清楚楚，它是个人账户的凭证。

如今，绝大多数银行为客户开立账户时，都使用卡片代替存折。原因是卡片更加方便，可以直接在ATM机上存取款或者刷卡购物。而以前常用的存折，是没法直接买东西的，必须得先把钱从银行取出来。

新事物代替旧事物，一般都是因为更加便利。如今，依然有些老年人习惯使用存折，但是年轻人中已经不太常见了。

银行里面真的会有一个神秘的大金库吗？

故事里的"森林银行"建成之后，原本藏在雪山上的税金就可以运回坚固的地下金库里保存了。现实中的银行里，也有金库吗？金库里真的藏满了黄金，真的密不透风吗？

顾名思义，金库就是保管金钱等贵重物品的仓库。日常生活中，无论是气派的银行总行，还是规模小一点的分支行，每天都有大量的现金进出。所以无论大小，每家银行都有金库。金库的确非常安全，不仅外人休想进去，就连银行内部人员，也不是任何人都能随便进出的。

至于我们想象中那种装满金光灿灿黄金砖的真"金库"，一般都是国家金库。黄金是用于储备，而不是用来日常结算的。除了黄金、白银，金库里还有人民币、外币现钞和其他贵重物品，以及各种凭证和单据等。

银行金库无论大小，一定足够安全。电影和动画片里，坏人通过挖地道的方式进入银行金库盗窃的情景，现实中几乎不可能。我们存在银行的现金不仅在金库里很安全，在银行之间运送时也很安全。我们在路上见到的银行"押运"车辆，就是在总行和各分支机构之间往来，负责运送现金和其他贵重物品的。

所以，假如你的钱存在银行里，完全没必要担心会被"超级大盗"偷走。

1

问：小朋友们也可以把钱存在银行吗？

2

问：把钱存在银行有什么好处呢？放在家里不行吗？

3

问：银行的金库里真的有黄金吗？

10 森林银行开业啦

乌鸦墨墨终于可以近距离欣赏"比狼威风还要威风"的大英雄了！京宝干脆利落地向警犬少校和上校说明了情况。他们两个果然训练有素，即刻引领着森林公安向山上冲去。

山上树林密集，墨墨和京宝也不飞了，他们俩趴在少校和上校的背上，很快就循着气味找到了陷阱。

令森林公安们吃惊的是，当他们赶到时，只见一群帅狼、一头猛虎，威风凛凛地围在陷阱边上。那两个偷猎者呢？早被他们赶到陷阱里去了！

　　这两个偷猎者，一个矮胖，一个瘦高，原本是来查看陷阱的，可是他们还没靠近，就被听觉灵敏的狼威风提前发现了。狼威风故意在陷阱边留下些"痕迹"，随后带领奔奔和御林军潜伏在不远处的树林里。偷猎者果然好奇地跑到陷阱附近查看，于是趁他们不备，狼威风和奔奔悄无声息地走到他们身后，一个前扑，就把两人推到陷阱里去了！矮胖的偷猎者在慌乱中掉落了枪，瘦高的家伙在惊恐中打光了子弹。这下可好了，陷阱外面围着猛虎群狼，他们

根本不敢爬上来。这两个坏家伙怎么也没想到，自己挖出的陷阱居然把自己给困住了，本来想要偷猎的，现在自己反而成了猎物！森林公安一到，偷猎者只能乖乖地束手就擒，被戴上了手铐。

乌鸦墨墨还趴在警犬少校的背上不肯离去，两位警犬兄弟却对奔奔和狼威风他们钦佩有加，特别是奔奔奇怪的"飞行员"装束，警犬们觉得十分新鲜。

"真讨厌！我们森林银行的开业庆典被他们给毁了，我和小伙伴的超级飞行秀也没表演成！"奔奔拎着写着"开业大吉"的荧光彩绸，跟警犬们抱怨着。

京宝忽然想到了一个好主意，他趴在警犬上校的耳朵边说了些什么。上

校点点头，叼起彩绸送到森林公安手中。

　　税金安全运到森林银行的地下金库，狼威风、奔奔、京宝和墨墨也安全地回到了庆典上。熊所长终于松了一口气。

　　京宝提议道："熊所长，357说烟花还剩下不少，咱们能不能再放一回？"

扎克帮腔："是啊！奔奔和狼捕头立了大功，可他们还没看到烟花秀呢！"

熊所长点点头："大家都辛苦了！好，那就再来一场！"

熊所长让大家面对雪山和冰河的方向坐好，"嘭"的一声，拉响了真正的信号弹。

冰河上的水獭们闻声再次点燃烟花，森林里又是一片欢呼。这一批烟花似乎比刚才的还要明亮，白桦林的白树干、绿树叶都被照得清晰可见。

"大家快看！""森林三侠"齐声呼唤，所有森林居民的视线都集中于他们所指的方向。

雪山上，白桦林间，森林居民们隐隐约约看到山坡上出现了"开业大吉"四个荧光大字。这四个字可太有意思了，好像喝醉了似的，忽隐忽现、跌跌撞撞、歪歪扭扭，"走"到冰河岸边才终于稳下来。

此时，警灯亮了起来。森林居民们这才看清楚，原来那是两个人！两位警犬兄弟请森林公安把荧光彩绸系在偷猎者的身上，感谢森林居民们协助破案，也帮森林银行的开业庆典画上一个完美的句号。

森林居民们并不知道，在他们欣赏第一场烟花的同时，奔奔和狼威风带领的御林军小分队正在与偷猎者斗智斗勇。他们还以为眼前的这一切都是事先安排好的。

"精彩！"不知谁喊了一句。接着噼里啪啦的掌声响起，开业庆典在一片欢腾中圆满结束！

　　森林银行正式开业后，狐狸家申请到了第一笔贷款。驯鹿建筑队干劲儿十足，很快就把游乐场建好了。歪歪来到"鼠来宝"订购游乐场里售卖的零食——这回，他可是带着订金来的！

　　"站住！又乱花钱，学会理财了吗？"树上传来低沉的问话声。

　　这个声音可把歪歪吓了一跳。他抬头一看，原来是乌鸦墨墨。她居然穿着一身深蓝色的制服，戴着警帽——除了没有徽章，简直跟森林警犬的打扮一模一样。

　　"吓死我了！"歪歪拍拍胸脯，"当然！现在我们家每一笔收入和支出都要记账，贷款可是要连本带息还回去的……咦？"歪歪突然反应过来，他为什么要向墨墨汇报呢？

　　他刚要生气，"嘎嘎，嘎嘎——"墨墨大笑两声，拍拍翅膀飞走了。

　　墨墨跟歪歪开了个玩笑，而狐狸们终于开始学着认真理财。从森林银行

里拿到的每一分"贷款"，他们都用在了游乐场的建设上。而狐狸家的其他收入支出，也都被歪歪仔细地记录下来，除了生活必需品，他们再不胡乱消费了。

"了不起！"京宝一边记录游乐场的订单，一边夸赞道，"听说你们贷款还得很准时，是森林银行的'优质客户'呢！"

狐狸们也算吃一堑长一智。这一次，游乐场价格公道，服务热情，生意十分红火。月亮圆了没几次，他们不仅没有少交一分钱税金，还贷款也很准时。他们现在既是冰雪森林的"纳税模范"，又是森林银行的"优质客户"。

作为食品供货商，游乐场的生意好，"鼠来宝"也沾光。扎克卷了一支超大号"仙女丝"，向歪歪表示感谢。

"不不，我最近在存钱，想买一个滑板，所以，不吃零食了……"歪歪害羞地搓着爪子，口水却不受控制地流出来。

扎克笑道："吃吧，歪歪，送你的！现在你怎么变得这么精打细算了？"

"是猴大侠……哦，不！猴经理教的。他建议我们不管赚多少钱，至少把收入的三分之一存起来。他说，这不光是钱的问题，关键是'自律'。每个月的收入，还掉森林银行的贷款，再存三分之一，剩下的就不多了，所以我把零食给省了。"虽然手头紧，可是歪歪的精神面貌和从前不一样了。有了目标，学会了自律，狐狸们仿佛突然有了精气神儿，再也不缩头缩脑了。

京宝说："日久见猴心，猴蹿天还真是不错！"

357哈哈大笑道："我看他是怕狐狸们胡乱消费，拖欠还贷，那他这个总经理可就不好做了！"

没错，猴蹿天不仅正式留在了冰雪森林，还被熊所长任命为森林银行的总经理。猴蹿天也的确有些本事，银行事务如此繁杂，他不仅打理得井井有条，还不断地拓展新业务，森林银行的客户越来越多了。

这天，猴蹿天总经理早早地就站在森林银行门口，他在等待一位非常非常重要的大客户——警犬少校。这还要感谢乌鸦墨墨，经过她坚持不懈的游说，警犬少校终于决定把收入存进森林银行。根据墨墨的情报，像少校这样立过功的警犬，收入可是"特别特别地高"。猴蹿天别提多开心了！

穿着深蓝制服的墨墨终于带着警犬少校出现了。少校不仅按约定来了，还扛着一只巨大的箱子。

猴蹿天立即双眼放光。

森林银行的员工们，用最高礼宾待遇迎接少校的到来。

"大家都想来存钱，可他们有任务要执行。所以派我做代表，把大家的工资和奖金都存进你们森林银行！"少校说话的样子好酷，墨墨眼睛里闪着崇拜的星星。

整个警犬队的收入啊！猴蹿天太激动了，真是超级大大大客户！

少校"啪"的一声把箱子打开——狗零食、狗玩具、磨牙棒；勋章、奖杯……警犬们的"工资"可太奇怪了！

这下，该轮到森林银行的员工们集体傻眼了！

怎么办？

哈哈！这个难题，只能留给猴蹿天猴经理去解决啦！

我们为什么愿意把钱存进银行呢？
我们可以相信银行吗？

　　把钱存到银行里，这似乎是一件很平常的事。但难道就没有人担心过，银行会赖账吗？

　　实际上，有些银行也会像一般企业一样，因经营不善而破产，所以当然有可能赖账！这就是为什么人们会把钱存入"中国银行""交通银行""农业银行""建设银行"等历史悠久、资金雄厚的大银行。

　　那么，知名大银行为什么值得信任呢？因为"历史悠久、资金雄厚"吗？没错！真的是这样——这代表这家银行经受住了时间的考验，能够抵抗更多风险，在不同的环境里维持经营并为客户提供优质服务。这种长期的信任度和广泛的知名度，就叫作银行的"信誉"。

　　357想要在冰雪森林成立银行，在既没有悠久历史，也没有雄厚资金的条件下，"信誉"该从哪儿来呢？聪明的357请德高望重的熊所长和金雕爷爷出面并带头存款，使新银行获得信任度和知名度，建立起"信誉"。在真实的历史中，由中国人创办的第一家现代银行——中国通商银行成立时，也是借由政府官员和实业家的投资来获得"信誉"的。

357 为什么提议成立"森林银行"，银行在社会中的角色是什么？

故事讲完了，现在思考一下，357 为什么排除万难也要提议成立"森林银行"？这对冰雪森林来说意味着什么呢？

森林里有许多像狐狸家一样，想要做点小生意却凑不够钱的居民。为了凑足资金，他们只能东拼西凑，或者向猴蹿天这样的"财主"借钱，不仅麻烦，说不定还得付很高的利息（比如猴蹿天就放过高利贷）。可是森林银行成立之后，一切都会不一样——森林居民们把暂时不用的零钱存进银行，那么像狐狸家这样需要资金的居民就不需要东奔西跑了，只要符合条件，直接跟银行借就可以了。银行把钱借给狐狸家，自然也要收"使用费"（利息），但它作为森林事务所批准成立的正规银行，肯定不会像猴蹿天那样漫天要价。银行收取的贷款利息，只要比给居民的存款利息高一些就可以了。这样，不仅存款的居民有利息拿，银行也能获得日常经营所需要的资金。

现实世界中的银行也是这样运作的。家家户户几乎都会在银行存款，但这些钱可不会躺在银行里面睡觉，而是会被银行借给有需要的人——普通人买房子、买车子，企业扩大经营、进行投资活动等等，其实用的就是来自千家万户的存款。假如我们的世界中没有银行，那么大企业动辄上亿的资金要从哪里借呢？

现在，你明白银行在经济中扮演的角色了吗？没错，它在广大居民和企业之间架起一座输送管道，经济学上称为"金融中介机构"，它同时为个人和企业提供服务。因为有了银行这类"中介机构"，分散在各处躺着"睡觉"的闲置资金被集中起来，并输送到实体经济中。钱就这样"活动"了起来，并创造出更多的价值。

假如你在银行已经有了自己的账户，而且有储蓄的好习惯，你的钱或许已经被投入到一座新工厂的建设中，也可能被用来开垦了一片新农田，还说不定为某种新技术的诞生贡献了力量……我们作为普通人，就这样通过一个小小的银行账户，与广阔的经济世界连接起来了！

1

问：把钱存进银行，银行会不会赖账？

2

问：警犬少校带来的收入可以存入森林银行吗？

3

问：回顾"资产"的定义，想一想人们存进银行的钱和银行借出去的钱，哪一类是银行的资产？

小词典

收 入

在一段时期内，由于提供产品或服务而获得的经济利益。

投 资

把钱投入到能够在未来很长一段时间里产生稳定回报的地方。

储 蓄

可以简单理解为存钱，将收入的一部分积累起来。

银行业务

主要有存款、贷款、代理服务三大类。

贷 款

银行服务的一类；银行把钱借出去，并收取利息。

银行代理服务

也叫"中间业务"，如刷卡购物、网上支付、手机支付、咨询服务等。

存贷利率差

银行存款利率与贷款利率间的差值，是银行利润的主要来源。

推 理

全称"逻辑推理"，指根据逻辑关系得出结论的思维过程。

归纳推理

逻辑推理的一种形式，由"特殊"推导出"一般"，结论需要反复验证才可信。

资 产

能在长时间内给企业或个人带来经济利益（收入）的资源。

钱 庄

与银号、票号等类似，是银行的原始形态。中国历史上最早出现于明代，主要为商业活动提供服务。

存 折

银行卡普及以前，存款人使用的一种纸质薄本，记录着账户交易信息。

银行账户

客户在银行的"户口"，详细记录着存款、贷款、转账等信息。

银行金库

保管现金、票据及金银等贵重物品的仓库，几乎是铜墙铁壁，非常安全。

银行信誉

代表知名度和可信度，是银行获得客户信任的保证。

构建属于你自己的"资产"！

属于企业或个人、能在未来很长一段时间里创造经济利益（收入）的资源，叫作资产。按照这个定义，一家企业的资产可以是机器、厂房、技术、品牌、员工，一家银行的资产可以是投资和已经发放的贷款，一个家庭的资产可以有房产、存款、股票、基金等等。那我们自己，有没有可以视为"资产"的东西呢？

我们已经知道，资产可以分为"有形"和"无形"两类，有形资产是看得见、摸得到的，而无形资产虽然没有实际的形态，它产生收益的能力却不见得比"有形"的差。只要你愿意，你不但可以而且应该构建属于自己的资产，所以现在就开始吧！

先说说有形资产：对大部分小朋友来说，最容易接触到的东西是——钱。零花钱、压岁钱无论以现金还是电子货币的形式，只要家长允许你自由支配，它就属于你。但如果你把它揣在兜里、放在储蓄罐里，说不定很快就花掉了。而一旦你把它存进银行账户中，由于它会产生"利息"收益，就可以算作是你的资产了。因为你的零花钱可能不会很多，所以利息也少得可怜，但这并不影响它成为"资产"的事实。总有一天，你会有自己的工作和收入，那个时候，你积累的现金资产越多，产生

收益的可能性也就越大。在以后的故事中，我们会讨论让资产增值的各种方法。

那么无形资产呢？对现在的你来说，无形资产的获得和积累不仅比有形资产容易，而且更加重要。它们是有用的知识和技能，是你健康而日益强壮的身体，是你越来越聪明的头脑，是你积极向上的精神和意志……它们都将在一生中，持续为你创造价值，这些难道不是你最宝贵的"无形资产"吗？

资产有一个很好的特点，那就是可以持续积累。你越早发现自己的资产，越早开始积累，也就能收获到更多。那该怎样做呢？首先，你要有"资产"的意识，明白自己拥有的东西，哪些可以视为资产。其次，养成存钱的习惯，现在就开始。当你有了储蓄的决心，消费时你就会衡量一下轻重缓急，或思考是否有必要，这是克制冲动消费的好方法。

最后，别忘了你的"无形资产"！学校是获得无形资产的好地方，读书和学习是积累无形资产的最佳途径。爸爸妈妈督促你学习各种知识和技能，其实也是为了同样目的。

建立自己的"资产"意识，并且持续地积累下去，你一定会有收获的！

图书在版编目（CIP）数据

森林商学园.狐狸为什么总缺钱 / 龚思铭著；肖叶主编；郑洪杰，于春华
绘. -- 北京：天天出版社,2021.6
ISBN 978-7-5016-1711-1

Ⅰ.①森… Ⅱ.①龚… ②肖… ③郑… ④于… Ⅲ.①财务管理—少儿读物
Ⅳ.①TS976.15-49

中国版本图书馆CIP数据核字(2021)第075286号